村上謙三久
いつものラジオ
リスナーに聞いた16の話
本の雑誌社

いつものラジオ

まえがき

私がラジオ本を制作するようになったのは2012年のこと。当時は出版社に所属していたが、携わっていたアイドル雑誌が休刊となったため、新しい企画を立ち上げなければならなくなった。なんとか捻りだしたのが学生時代に熱心に聴いていたラジオ本のアイデア。知り合いのカメラマンから提案された声優案件と合体させ、声優×ラジオでムック本を作り始めた。

アニメや声優の知識がまったくなかった私は、実績のある編集プロダクションに制作を依頼。全体を進行する立場として関わったが、スタッフが最も大事な〝ラジオの空気感〟を理解していなかったため、「自分でやったほうがいい」と判断し、2冊目からは編集長としてすべてを取り仕切るようになった。ライターとしてインタビュー自体も行うようになり、パーソナリティのみならず、番組スタッフも多数取材。お笑い芸人のラジオ本も並行して制作し、これまで年に1、2冊のペースでラジオ本を作ってきた。

また、私個人の著書として、構成作家の証言から深夜ラジオの歴史を紐解いた『深夜のラジオっ子――リスナー・ハガキ職人・構成作家』（筑摩書房）、当事者たちを取材して声優とラジオの50年にわたる関係性を掘り下げる『声優ラジオ〝愛〟史 声優とラジオの50年』（辰巳出版）も出版。最近ようやくラジオ関連の編集者・ライターとして形になってきたと思えるようになった。

以前はラジオ本やラジオ特集を掲載した雑誌などほとんどなかったが、インターネットを経由してラジオを聴くことができるradiko（ラジコ）が普及した影響からか、近年は書店でよく見かけるようになった。時代は変わったものだなと感慨深くなる。本の中で説明しているが、radikoのタイムフリー機能とエリアフリー機能によって、ラジオのあり方も大きく変わった。

10年以上もラジオ本を作ってきたのならば、業界に食い込んでいて然るべきなのだが、ラジオ関連に限らず、良くも悪くも取材対象と距離を取ってしまうのが私の性分。パーソナリティやスタッフと仲良くなった例は数える程度だが、一方で一般のリスナーには知り合いができ、飲み会やオフ会などに参加させてもらう機会が増えた。

そんな時に始めたのが、リスナーからラジオ歴を聞く〝リスナーインタビュー〟。最初はただの思い付きで、酒の肴として始動させた企画である。本を作るうえでの市場調査の意味合いもあったし、「さすがに話を聞いたリスナーは今後も本を買ってくれるだろう」という打算もあった。あくまで仕事の合間にやる趣味としてその内容を原稿にまとめ、定期的に自分のブログで公開するようになったのが２０１５年のことだ。

気楽な気持ちで始めたリスナーインタビューだが、想像以上の面白さがあり、続けていくうちにいつしか自分のライフワークになった。最初は10分程度の雑談に過ぎなかったが、気付けば1時間のロングインタビューが当たり前になり、1万字を超す原稿になる時も。一切原稿料が生まれないのに、自分は何をやっているんだろうとたまに我に返ることもあるが、いまだに仕事の合間を縫って、定期的にリスナーを取材している。

パーソナリティがいなくても、音楽を流すだけの番組なら成立する。スタッフがいなくても、パーソナリティがすべてを担当するワンマンＤＪスタイルがある。だが、リスナーがいなければ、ラジオはラジオたり得ない。放送を誰かが聴いてくれるから、ラジオは成立するのだ。リスナーを取材するようになって、改めてそう実感するようになった。

リスナーとして括れば、一般人もパーソナリティもラジオスタッフも全員対等になる。お笑い芸人や声優をリスナー視点でインタビューする企画も実現させた。一般人・著名人を合わせると、１００人ほどのリスナーに話を聞いてきただろう。

総務省が発表した「令和４年度情報通信メディアの利用時間と情報行動に関する調査報告書」によると、平日のラジオにおける全世代の行為者率（１日あたり15分以上その行動を取った人の割合）は６・０％だという。令和４年10月時点の日本の人口は約１億２４９５万人。細かい要素を無視して単純に計算すると、７５０万人弱のリスナーが日本にはいることになる。

ただ、リスナーが取り上げられる機会は少ない。ラジオ本やラジオを特集した雑誌、WEB記事などにおいて、パーソナリティ視点、スタッフ視点で綴られた記事を目にする機会はたくさんあるが、約750万人もいて、最も共感されやすいはずなのに、リスナーが取り上げられることは極端に少ない。申し訳なさそうにハガキ職人による座談会やリスナーから募集した短文メッセージが掲載される程度。個人的にはリスナーを絡めた企画をいくつか実現させてきたが、リスナーの視点の話だけをとことん掘り下げても面白いのではないかと考えるようになった。それを形にしたのが本書である。

「リスナーが選んだ人気番組ベスト10」や「神回ランキング」なんて企画も組まれがちだが、今の私はまったく興味がない。ラジオの特性上、組織票が生まれやすいし、ジャンルとしての幅が広いのに〝好き〟に順位付けをしても意味がない。そんな大層なランキングより、私は「目の前にいる一人のリスナーが個人的に選んだ好きな番組や思い入れ」が知りたくて仕方ないのだ。

本書では、世代や性別、職種が違う計16人のリスナーを取材している。それぞれ出会いから現在に至るまでのラジオリスナー歴を聞くのと併せて、共通点や違いがわかりやすいように、「私が思うラジオの魅力」「ラジオを聴いて人生が変わった瞬間・感動した瞬間」「特にハマった番組」「印象に残る個人的な神回」「ラジオを聴いて学んだこと・変わったこと」という同じ質問をしている。

そして、最後には「私にとってラジオとは◯◯である」の「◯◯」を埋めてほしいという質問で締めくくっている。これは「あなたにとってラジオとは？」というあまりにベタな問いかけを避けて考えた苦肉の策なのだが、誰一人として同じ答えにはならず、全員頭を悩ませつつも自分なりの回答をしてくれた。

一応断っておきたいが、この本は決してラジオリスナーの思いを総ざらいしているわけではない。なにせ750万分の16人だ。意識的に性別や世代に幅を持たせ、ラジオとの関わり方が違う人選をしたつもりだが、あくまで私の手が届く範囲。地方に住んでいるリスナーは取材できていないし、番組に参加しない聴く専門のサイレントリスナーよりもラジオに積極的に関わっている人中心になっている。また、インタビューの聞き手である私がずっと追いかけてきたのが深夜ラジオなので、どうしてもその話題が多くなっている。さらに全員が今もラジオを聴き続けているリスナーなので、どうしても2023年現在の話が濃い。ただ、だからこそ見えてくるリスナー像があるので、最後まで読んでいただきたい。

ほとんどのリスナーはラジオにまつわる自分史を一から振り返る機会などなく、日々淡々と歴史を重ねている。だから、面と向かって質問をすると、堰を切ったように、言葉があふれ出す。16人の証言はすべて今回の本のためにインタビューしたもの。ラジオの魅力が改めて注目されたコロナ禍の真っ最中で取材を行ったが、全員が予定した時間を大幅に過ぎてまで思いを語ってくれた。

今回の本を含めて、様々なリスナーに話を聞いてきたが、ラジオと運命的な出会い方をした人もいれば、死のうと思った時に命を救われた人もいる。一方で、どこにでもあるような出会い方をして、平々凡々と何十年も聴き続けている人もいる。リスナーという言葉で一緒くたにまとめられがちで、番組によってはリスナーの総称が決まっている場合もあるが、一人ひとりのラジオ観はまさに十人十色だ。

何十年も番組に投稿を続けているいわゆる〝ハガキ職人〟もいれば、サイレントリスナーを貫き、あくまで個人の趣味として完結している人もいて、ラジオとの距離感も千差万別。それぞれまったくニュアンスが違う。

ただ、今回取材した16人のリスナーがそうだったように、共通するのは聴かない時期、離れた時期があったとしても、いつも近くにラジオがあったこと。彼らの証言が、読者の皆さんにとって自分のラジオ歴とラジオ観を振り返るきっかけになれば幸いである。読みながら「私にとってラジオとは〇〇である」のあなたなりの答えを考えてみてほしい。

目次

デザイン：戸塚泰雄（nu）　装画：朝野ペコ　編集協力：森田真規　古川沙羅　山田悠樹

ハンドルネーム

つきこ

女性／38歳（1985年生まれ）／群馬県出身／デザイナー

愛してる
というよりも、
ずっと一緒に
生活している存在

あくまで勝手なイメージだが、「デザイン事務所に行ったら、J-WAVEが流れていた」というのは〝出版業界・WEB業界あるある〟ではないだろうか。しかし、つきこはデザイナーの仕事に追われつつ、J-WAVEではなくAMラジオを聴きながら日々の生活を送ってきたという。就職、転職、結婚、出産……。どんな時もラジオは側にあった。ちなみに彼女によれば、デザイナーにもAMラジオ派は結構多いらしい。

原体験はＴＢＳラジオが流れていた朝の食卓

小学校の2〜4年生ぐらいの頃でしょうか。私は群馬県出身なんですが、祖父が埼玉の病院に入院したんです。学校が終わって、私と妹が帰ってくると、母親と群馬から毎日車でお見舞いに行っていました。片道1時間以上かかったんですが、その道中、車でひたすらＮＡＣＫ5が流れていたのは覚えているんです。何の番組だったかわからないんですけど、それが最初にラジオに触れた記憶ですね。

いつからかは覚えてないんですが、実家では朝食のＢＧＭがラジオでした。テレビをつけるのは母親が嫌だったみたいで、朝起きると必ず森本毅郎さんの『スタンバイ！』（ＴＢＳラジオ）が流れていたんです。実家は電波状況が悪くて、ニッポン放送も文化放送もほとんど入らないんです。親としては朝にニュースが聴きたかったみたいで、ＦＭは選択肢に入らず、結果的にＴＢＳラジオがずっとついていました。中学生の時はバレー部に所属していたんですけど、『スタンバイ！』の「歌のない歌謡曲」のコーナーになったら、「そろそろ家を出ないと朝練に間に合わない」って慌てていましたね。

母親は長風呂が好きで、その時はいつも携帯ラジオを使っていました。家に何台かあったので、ある時に「これ、使えば？」という感じで1台もらったんです。それでも当時はテレビを見ることのほうが圧倒的に多かったと思います。

自分から聴くようになったのは、お笑いトリオのネプチューンがきっかけです。私が人生で最初にハマったものがネプチューン。当時、深夜に放送していた『笑う犬の生活』というコント番組が大好きで、とにかく将来はホリケン（堀内健）と結婚するんだと本気で思っていました（笑）。ファンクラブにも入っていましたが、そんな中で『ネプチューンのallnightnippon SUPER!』（ニッポン放送）の存在を知ったんです。

聴きたいけれど、ニッポン放送の電波がとにかく入らない。ラジオのアンテナを手で持って、角度を変えながら必死に聴こうとしましたけど、ノイズの混ざった3人の声がかすかに聴こえてきただけでした。その頃から芸人さんの番組はあったと思うんですが、ネプチューン以外の番組は存在も知らなかったです。

その後、静かな環境が苦手だったので、試験勉強をする時はラジオをつけるようになりました。高校受験のタイミングで「深夜にもラジオをやっているんだよな」と気付いて、初めて『爆笑問題カーボーイ』（TBSラジオ）を聴いたのは覚えていますね。面白かった記憶はあっても、具体的な内容はそこまで覚えていません。ただ、これは高校生以降かもしれませんが、〝ラジオネーム・しおふきんちゃん〟という女性リスナーが毎週強烈なメッセージを送っていて、「凄いなあ」と思っていた記憶があります。その頃からだいぶ時間が過ぎてから、ラジオネームの意味がわかりました（笑）。

大学進学を機に、親元を離れて上京してから、一気に深夜ラジオを聴くようになりました。美術系の大学に進んだので、夜に制作をすることが多く、ラジオをつけるようになったんです。TBSラジオ中心で、毎日、『JUNK』や『JUNK2』が終わると、『ラジオ深夜便』（NHKラジオ第1）に切り換えてから寝る、みたいなことをやっていた記憶があります。相方の中島（忠幸）さんが亡くなった時、『カンニング竹山 生はダメラジオ』（TBSラジオ）で竹山さんが「○時から○寺で告別式だから、お前ら来れるなら来い」と言ったのを聴いて、行ったことも覚えています。

東京に出てきたから、ニッポン放送も文化放送も聴けるようになったんですけど、やっぱりダメなんですよね。もともとTBSを聴いて育っているから、そこからダイヤルを回そうという気持ちにならないんです。その頃もまだ母親からもらったラジオを使っていましたが、登録していた周波数からほとんど動かさなかったですね。今でもそうなんですが、物心ついた時からラジオが生活の一部になっていたので、BGM的な感覚が強いんです。何かをし〝ながら〟気質の人間なので、生活スタイルにラジオが合っていたんだと思います。ラジオは生活に根ざしている感じ。好きだし、なくてはならない存在なんですけど、「一生を捧げます」みたいな愛情とは違いますね。当時、ラジオの話をする相手は母親や祖母ぐらいでした。私の中でラジオは生活に根ざしているぶん、誰かに勧めるということもなかったです。

学生時代はもっぱら聴く専門でした。一度だけハガキは書いたんですけど、あまりにもシモネタすぎて、出さずに終わって。後年、部屋の片付けをしていた時に出てきて、驚いたことがありました。記憶から消したかったのか、何の番組だか覚えてないんです。父親が短パンをはいていたら、その隙間から……という内容で、なぜかイラスト付きで描いたんですよ。「こんなの送ろうとしないでよ、過去の私」と恥ずかしくなりました。

東日本大震災、ラジオとの再会

大学を卒業して最初に就職したデザイン事務所での生活はまさに〝社畜〟でした。1年半ぐらい勤めていたんですけど、朝10時に出勤して、翌朝4時に退勤するみたいな生活が毎日続いて、土日も基本出勤。給料は手取十数万円で、家賃を引いたらほとんどお金が手元に残らなくて怖くなりましたよ。メチャクチャな環境で、今だったら問題になるんでしょうけど。その頃のラジオやテレビの記憶がまったくありません。最終的に退職の手続きはしましたが、逃げるように辞めました。その当時は相当、病んでいましたね。

その後、別のデザイン事務所に転職したんですが、そこで流れていたのがJ-WAVE。ここで働いていた2年間はずっとJ－WAVEと共に過ごしました。TBSラジオ育ちとしてはAMとFMの世界観の違いに圧倒されましたね。デザイナーが好むような美術館情報やアーティストの話が多くて、「だから、デザイン事務所でよく流れているのか。なるほどなあ」と思いました。

結局、社会人4年目で今の会社に移りました。もう10年以上働いています。時々レコードをかけたりはしますが、基本的には社内にBGMはかかっておらず、当初はYouTubeやニコニコ動画をBGM代わりにしたり、自分の好きな音楽をイヤフォンで聴いたりしていました。

2011年に東日本大震災が発生して、直後はNHKがテレビのニュースをネットで配信していたじゃないですか。それを流しながら仕事をしていたんですけど、「あれ？　これならラジオでいいじゃん。今はradikoっていうのがあるんだよね？」と気付いて、そこから改めてラジオを聴くようになりました。

それからは朝から晩までラジオを聴く生活です。入社して3年くらいは社長と私しかおらず、ありがたいことに仕事はたくさんあるんですけど、2人で必死に回さなくてはいけない状況で。メチャクチャ忙しい時期は泊まり込みになっていました。生島ヒロシさんの時間から……相変わらずTBSなんですけど、毅郎さんを聴いて、大沢悠里さんを聴いて、荒川強啓さんを聴いて、というのがフォーマットになっていましたね。さすがにナイター中継は聴かないので、その時だけYouTubeをBGMにしたり、音楽聴いたりして、『JUNK』前後の時間からTBSに戻って、また生島さんになって……。本当に無限ループみたいな感じでした。

さすがに仮眠はしなきゃいけないから、『JUNK』が終わる頃にイヤフォンを耳に突っ込んで寝る時もあって。生島さんの番組にはラッキーカラー占いのコーナーがあるんですよ。寝る前に「私はその時に起きるんだ」と念じてから寝ると、不思議と目が覚めたんです。体内タイムテーブルがあって、自分が起きたいと思う時の音楽や声が耳に入ると、わりと起きられるんです。あくまでも切羽詰まっている時限定ですけど。子供の頃から同じTBSラジオをBGM代わりに聴いてきた影響があるのかもしれませんね。

娘が生まれて初めて聴いた声

昔はハガキ投稿中心でしたけど、メールで送れるようになってハードルが下がりましたし、学生時代は「わざわざ自分がメールを送ってもなあ……」なんて思っていましたけど、社会人になると「とりあえず参加してみよう」「とりあえず送ってみよう」と考えるようになりました。だから、たまにメールを送っては、ちょこちょことノベルティをもらっていた気がします。

最近はほとんどメールしていませんが、代わりに好きな番組には毎年、年賀状を送ることにしていきます。ちょこっとメッセージやイラストを添えたりして。一時期、好きな『たまむすび』（TBSラジオ）に毎日1通でもいいからちゃんとメールを送ろうと試した時期があったんですけど、時間がかかるし、読まれなかったら落ち込むし、これはダメだと思って、1週間ぐらいでやめてしまいました。でも、年賀状だったら、番組側からのリアクションを気にせず、年始のあいさつとして、一方的に送れるじゃないですか。採用されなくて傷つきたくないという気持ちがあるのかもしれません。それなら普段は無理してメールせず、年賀状を送る。返信をくれる番組もあるんですよ。

2020年に娘が生まれたんですが、出産の時に分娩室ではラジオを流していました。私の出産した病院では、「録音してきたものなら、何を流してもいいよ」と言ってくれたので、ラジオの音源を流そうと計画して。当初は何時間かかるかわからないから、自分が好きな番組を編集して流そうと考えていたんですけど、予定より1週間早く生まれてしまったんです。

突然の事だから、旦那に「なんでもいいから、録音した音源を持ってきて！」とお願いしたら、届いたのがCreepy Nutsと佐久間宣行さんの『オールナイトニッポン0（ZERO）』の音源で。それで佐久間さんのほうを選びました。

佐久間さんの「ダハハハ！」って笑い声を聴きながら、「ぐぐぐ……」って苦しんでいましたね。ちょうど映画の『ジュラシックパーク』の話をした回で、「なんでこの回を聴いているんだろう？」とは思いましたけど、少しでも気を紛らわせたいから、意外と話を耳で追っていました。ラジオ好きの妊婦さんにはオススメしたいですね。音楽よりも意識を向けられるからいいいと思います。娘がこの世に生を受けて初めて聴いた声は、私でも旦那でも助産師さんでもなく、佐久間さんのものでした。将来が楽しみです。

出産後、縫合作業を担当してくれたお医者さんに「ラジオを流しているんですか？」と驚かれたから、「ラジオが大好きなんです」って話をしたんです。さすがに佐久間さんのことは知らないだろうから、「ＴＢＳに安住紳一郎さんというアナウンサーがいるじゃないですか？安住さんのラジオって面白いんですよ」ってオススメして。そうしたら、お医者さんが「私、それ聴いてます！」とおっしゃって。なんと『（安住紳一郎の）日曜天国』（ＴＢＳラジオ）リスナーさんだったんですよ。だから、縫合しながらラジオトークで盛り上がりました。近くにいた助産師さんが「私も聴いてみようかな」なんて言ったりして。

入院している時も退院してからも、ラジオが日常にありました。出産直後は3時間おきに授乳をしなきゃいけなかったので、ラジオをタイマー代わりにしていましたね。当時の娘の動画がスマホに残っているんですけど、後ろにかかっているＢＧＭは全部ラジオの音で。「この時の娘も可愛いなあ」なんて思って動画を見ていると、後ろに赤江（珠緒）さんと（博多）大吉さんの声が聞こえてきて、「ああ、水曜日の午後に撮っていたんだろうなあ」って。そういう思い出になっていますね。

私はずっとリアルタイムでの聴取が多いです。radikoのタイムフリー機能はあんまり活用してないかもしれません。「聴けなかったらしょうがない」という感じで。必ず聴くのは『日曜天国』と『佐久間宣行のオールナイトニッポン0（ZERO）』ぐらいかなあ。『たまむすび』も終わるまでずっと聴いてました。子供は2人目も生まれてまだ小さいので、深夜に起きていることもあるんです。昼間はTBSラジオを流していることが多くて、深夜ラジオもちょこちょこ聴いていますけど。昔はもっと聴いていた時期もありましたが、今はこのぐらいかなと思っていますね。

義務感を持つと、「何が何でも聴かなきゃいけない」ってなってしまうタイプなんですよね。一度決めると、絶対にその時間は見なきゃ、聴かなきゃってなっちゃうんです。そうすると、自分も苦しくなっちゃうし、周りも苦しくなっちゃうから、今は無理をしないようにしていますね。

旦那はテレビをよく見ているから、どうしても娘は映像を見る機会が多いんですけど、私は娘にラジオを聴かせたいんですよね。たまに聴かせて、「これ、安住君だよ～」って教えています。大きくなったらラジオを聴いてほしいし、一緒にラジオの話がしたい。「勉強する時もラジオを聴きながらやったほうが効率いいんだよ」って教えようと考えています。

親からもらったラジオはいまだに家にあります。丈夫で今でも動くし、電波もちゃんと拾ってくれて。まあ、ワイドFMには対応していないんですけど。普段はパソコンのradikoで聴くことが多いですが、今でもそのラジオをキッチンで使っています。

◎私が思うラジオの魅力

今まで見えていなかった人の本質が見えてくる

ラジオって話している人自体は見えないけれど、その人の本質は見えてくるところがあると思っていて。テレビとラジオから受けるその人の印象って全然違うじゃないですか。

テレビドラマの『3年B組金八先生』で杉田かおるさん演じる中学生が15歳で出産する話がありましたけど、当時の杉田さんはいわれのない誹謗中傷を受けたそうです。今の私ぐらいの歳になってドラマを見たら、「これは台本だからなあ」ってわかると思うんですが、その話を聞いてテレビって怖いなあと感じました。

でも、ラジオではそんなこと滅多に起きないじゃないですか。ラジオは話している人の〝本当の姿〟が感じられるメディアなんじゃないかなって。『たまむすび』を聴くまでは、赤江さんにはニュース原稿を読んでいるイメージが強かったですから、ニュースの人、真面目な人、情報を正確に伝える人だって思っていました。でも、実際はラジオネームすらちゃんとまともに伝えられないぐらい（笑）。『たまむすび』は出演者の入り時間はみんなギリギリで、打ち合わせもせず、「いつも通り、好きなようにお願いします」みたいにやっているなんて話をよくしていましたけど、ラジオのそういうところも好きなんです。

普段の生活から感じるモヤモヤした気持ちを抱えながらラジオを聴いていると、「この人、私と同じようなことを思っているんだ」と共感できる。同じような悩みを抱えていたり、本音をぶつけてくれたり……。今まで見えていなかった人の本質が見えてくるのがラジオの魅力だと思います。

◎ラジオを聴いて人生が変わった瞬間・感動した瞬間

Twitterに『たまむすび』のイラストをアップするようになった時

Twitterでラジオのイラストを描くようになったら、イラストレーターとしての仕事が入るようになりました。それは人生が変わった瞬間かもしれません。

もともとTwitterのアカウントを作ったのはゲーム実況のためだったんです。今でもそうなんですけど、ゲーム実況の動画が好きで、実況している方や実況が好きな人と交流するために作ったアカウントでした。でも、好きな実況者さんが辞めてしまって、使い道がないなあと思っていた時に『たまむすび』を聴き始めて、ラジオの実況にTwitterを使うようになったんです。最初はピエール瀧さんが適当にした話の解釈が「これで合っているのかな？」と確認したくて、イラストを描いてアップしたのが始まりでした。面白いエピソードを聴いた時に、自分なりに解釈したイラストをアップしたら、SNSきっかけにラジオを聴く人が増えるんじゃないかなと思って。リスナーさんが「これは違うんじゃないですか？」「こういうことじゃないですか？」なんて言ってきてくれたら嬉しいなと。

もともと継続して何かをするのが苦手でした。大人になってからも何かと三日坊主になることが多かったんです。でも、ラジオの話をイラストにしたら、何かが変わるのかなと思って。それで、誰にやれと言われたわけでもなく、定期的にTwitterへアップするようになったんです。

イラストを描くようになってから、ラジオ番組のほうから声をかけていただくこともありました。『たまむすび』のプロデューサーさんから連絡をいただいて、番組のイベントのバナーやノベルティのイラストを担当したこともあります。ラジオ好きの編集者さんから声をかけてもらって、本の挿絵を描いたこともありました。自分で言うのもなんですけど、毎日描き続けることでかなり上手くなったと思います。始める前は、こんなに仕事に繋がるなんて思っていませんでしたね。

もう一つ印象的なことがあります。赤江さんが産休に入る最終日、どうしても熱い思いが止められなくなって、有休を取って会社を休み、赤坂駅の近くにあるベンチで、スタジオが見える場所から『たまむすび』を聴いたことがありました。

その日のメッセージテーマは「パカッ！心が通じ合った瞬間」。私は「サークルで泊まりの行事に行った時の朝ご飯で、バイキングで選んだおかずのメニューがほぼほぼ一緒だったから、仲良くなった」って当時から付き合っていた今の旦那とのなれそめを送ったんです。それで心が通じ合ったと。そうしたら採用されて、嬉しさと寂しさをかみしめながら放送を最後まで聴きました。

結婚式に自分たちがどういう経緯で付き合い始めて今に至ったのか、ムービーを作るじゃないですか。私たちの場合、説明が難しいから、『たまむすび』での音源をそのまま流させてもらいました。そうしたら、式場にいた何人かから「私も『たまむすび』を聴いているよ」と言われて嬉しかったですね。

結婚式は日曜日に開催したんですけど、ちょうど『日曜天国』の時間だったんです。だから、勝手な報告の意味も込めて、「別の曜日にすればよかったと後悔しています」ってメールしたんですよ。そうしたら、知らないところで旦那も番組にメールしていて、あとでアシスタントの中澤有美子さんから2人宛に「ご結婚されたんですね。おめでとうございます」とメッセージをいただいたことがありました。結婚式にまつわるこの二つの出来事はとても印象に残っています。

◎特にハマった番組

何周も聴いた『安住紳一郎の日曜天国』

挙げたらたくさんあります。『たまむすび』の話はすでにたくさんしましたけど、『安住紳一郎の日曜天国』も欠かせないですね。公式のアーカイブで過去の放送をほぼほぼ聴けるようになっているんですが、私は何周もしました。えっ、村上さんは聴いたことないんですか？　人生の約6割をドブに捨てているのと同じですよ！（笑）

テレビでの安住さんはＴＢＳの看板を背負う常識的なアナウンサーですけど、それを正面から打ち砕くような放送に毎週爆笑が止まりません。安住さんの生活の様子や安住さんが抱えている社会への不満、パンダや醤油などに対する熱い思いも知れますし、多種多様なリスナーが聴いていて、様々なメッセージが届くところもいいんです。一番はＡＭラジオっぽいところが魅力だと思います。押さえるべき要素がちゃんと番組にある。コーナーもあって、ニュースもちょっとかじって。昼間のラジオを普段から聴いている人はこれを聴くと落ち着くと思います。

◎印象に残る個人的な神回

自分の心に刻まれた『たまむすび』最終回

最近の話になりますが、『たまむすび』の最終回（2023年3月30日放送）が強く印象に残っています。いつか来るとは覚悟していました。2022年9月に武道館で10周年イベントをやったんですけど、その前に一番仲良くしているリスナーさんとは「もしかしたら最後スクリーンに『これにて完結』みたいな言葉が出るかもね」なんて心配していて。イベントが終わったあとに、「そういう発表がなくて良かったね」と話していたんです。

スポーツ新聞で終了すると報道されたのが1月半ばで、終了まで2ヶ月ありましたけど、赤江さん本人が「自分で決めたことだから」と言ってくれたんで、「だったらしょうがないよな」と受け入れつつ、最終回に向かって毎日聴いていました。

当日はまたTBSの前に行きました。リスナーが100人近くは集まっていたのかな。みんな手持ちのラジオ機を持ってきていて、スピーカーから音を出して聴いていましたね。目の前に赤江さんも土屋（礼央）さんもいないけど、公開生放送みたいな雰囲気で、私も地べたに座ってイラストを描いて、リアルタイムでTwitterに上げていました。番組の前半はみんなでワイワイ聴いていたんですけど、終盤に赤江さんが答辞を読み始めた時はシーンとなって。みんなスタジオがあるであろう9階を見つめていましたよ。

番組が終わったあと、赤江さんがリスナーの前に来てくださったんです。放送では涙をこらえていた赤江さんもここではしくしくと泣いていて、リスナーも一緒に泣いて。春休みでしたから、赤坂サカスには子供から大人までたくさんの人たちがいたんですけど、みんな大の大人たちが泣いている姿を、「何、これ？」という目で見ていました。大吉先生が番組の中で「またいつかじゃあかん。10年後に『たまむすび』やろう」と言ってくれた言葉が、リスナーの支えになっていて。最終回に集まったリスナーとも「10年後にまたここで会いましょう」と話して別れました。

ラジオ番組が終わってポッカリと心に穴が開いたのは初めての経験でした。いつも通り過ごしていても、ふと番組のことを思い出すんです。テレビ番組にパートナーだった大吉先生と山里（亮太）さんが一緒に出ていたら、「もはや『たまむすび』じゃん」って思ったり、『笑点』に春風亭一之輔師匠が出ていたら、「客席に赤江さんがいるんじゃない？」と探したり、扇風機を見ていたら赤江さんの扇風機に関する迷言が蘇ってきたり。でも、それは「まだ続いていたらなあ」と寂しくなるんじゃなく、「やっぱり楽しかったなあ」と振り返る感じですね。引きずっているわけじゃなくて、しっかりと自分の心に残っている気がします。

◎ラジオを聴いて学んだこと・変わったこと

様々な職業の中身を知り、他人の人生を深く知ることができた

また『日曜天国』の話になってしまうんですが、いろんな職業の中身を知ったことでしょうか。番組の後半に「ゲストdeダバダ」というゲストコーナーがあるんですけど、マンボウの専門家、海の哺乳類の専門家、古文書を研究している人……本当にいろんな方が登場するんです。毎回「そういう職業があるんだな」「そういうことを勉強する人がいるんだな」って発見があります。

マンボウの専門家の方がなんで研究を始めたのかといったら、「テレビゲームの『星のカービィ』に出てくるキャラクターでマンボウがいて、そのマンボウを好きになったから」って言っていたんですよ。「そんなことで研究者になれるの？」なんて驚きがありました。

そんな風に他人の人生を深く知ることができるのもラジオの魅力だと思います。以前は知らなかったテレビプロデューサーの日常だって、佐久間さんのラジオを聴いたら思い浮かぶようになりました。人の人生が垣間見える瞬間は面白いですよね。

◎私にとってラジオとは○○である

私にとってラジオとは「家具」である

ラジオは毎日の生活になくてはならない存在、そしてあって当たり前の存在だと思うんです。常にラジオを聴いていて、ラジオの音と共に生きている。聴いている番組はどれも好きです。でも、特段に愛があふれているわけではなく、愛がないわけでもなく、この番組だけは特別だという意識もそこまでないんです。

うちの会社の社長に教えてもらったんですが、19世紀から20世紀にかけて活躍したフランスの音楽家エリック・サティは「家具の音楽」という曲を作曲しているんです。家具のように日常に溶け込んで、意識して聴かれないことを目指した曲らしくて。それもラジオと通じるものがあるんじゃないかと。

自分の部屋に机があって、この高さ、この幅で、そこにパソコンがあって、本棚があって……。そこにあるのが当たり前なんですけど、少しでも変わると、「こんなでっぱりなかったのに」とか、「ここに足が引っかかるんだよなあ」とか、ちょっと気持ち悪くなりますよね。それがないといつも通りの自分の生活もできなくなるし、ないと困る。何をするにしても、側に寄り添ってくれている家具のような存在が私にとってラジオです。

コラム1

radiko（ラジコ）

ラジオリスナーの生活習慣が変わった

つきこさんの証言にラジオのアンテナと格闘した話があったが、実際のラジオ受信機で電波を捕まえるのは意外と難しい。地方出身のリスナーからは、東京や大阪のラジオ番組を聴くために長距離聴取に挑戦した話をよく聞く。

学生時代にプロレスの最新情報を知るため、東京生まれ・東京育ちである私も北海道と四国の専門番組を聴いていたが、つきこさんと同じようにアンテナを手で持ち、部屋中を歩き回って、電波をよりよく拾える場所を毎回探していた。どうやっても雑音がひどく、海を渡って飛んでくる韓国語放送の奥に、わずかながら音声を確認できるのがいつものパターン。当時の私は、音声を聴き分ける能力が異常に発達していたに違いない。

しかし、現在の学生リスナーにはアンテナと格闘した話はピンと来ないだろう。なぜなら、今はradikoが存在するからだ。

ＷＥＢサイトを参照すると、radikoとは「スマートフォンやアプリ・パソコン・スマートスピーカーでラジオが聴ける無料のサービス」だ。簡単に言えば、スマートフォンやパソコンはすべてラジオ受信機の代わりになる。２０１０年にサービスがスタート。当初は参加する放送局も少なく、否定的な見方もあったが、現在は民放ラジオの全局がradikoで聴ける状況になっている。〝電波を介して〟ではなく、

〝インターネットを介して〟ラジオを聴くことが急速に一般化した。

　大きかったのは自分の住む地域以外のすべての放送局を聴ける〝エリアフリー機能〟と過去1週間の放送を無料聴取できる〝タイムフリー機能〟が実装されたこと。〝エリアフリー機能〟を使うには月額385円（税込）のradikoプレミアム会員になる必要があり、タイムフリー機能も「再生を始めてから24時間以内に合計3時間まで」という制限があるが、それでもリスナーにとっては劇的な変化だった。冒頭に書いたようなアンテナ片手に電波と戦わなくても、地方のラジオ放送をクリアな音声で聴けるようになった。タイムフリーは言わば1週間限定のアーカイブ機能みたいなもの。以前ならオンタイムで聴く以外の選択肢は自分で録音するしかなく、かなりの手間がかかったが、今は面倒な作業が必要なく、radikoを立ち上げればいいだけになった。

　radikoの誕生でラジオリスナーの生活習慣も大きく変わったように思う。「オンタイムに聴くのが一番」「生で放送したものは流れ去っていく」という考え方はかなり薄まった。以前は自分の生活に合う番組を聴く必要があったが、今は自分の生活に番組を合わせられるようになった。具体的にどんな風に変わったかはこの本を読み進めていけばわかっていただけるだろう。

　ただ、別の側面もある。radikoには実際の放送との間にタイムラグが発生する。そのため、ラジオの大きな役目の一つである災害時の情報発信に大きな影響を与えてしまう。また聴きやすくなったため、ラジオの持つ〝秘密基地感〟が薄まり、番組内での発言が切り取られて、ネットニュースなどに取り上げられる機会も増えた。

　私も録音こそラジオ機でしているが、普段はradikoのタイムフリー機能を使った聴取が中心で、電波を介してオンタイムで聴く機会はほぼ皆無になっている。「その時、その瞬間にしか聴けない番組に雑音混じりの状況で聴き入るのがラジオなんだ」なんていうのは中年リスナーの感傷でしかないが、時折、その感覚がたまらなく懐かしくなるのも事実だ。

最近は古くて面倒なアナログ文化が見直されることも多い。数年後には「雑音混じりに電波を介してラジオを聴くのが今のトレンド」という時代がやってくるのかもしれない。

ラジオネーム
ペリークロフネ

男性／38歳（1984年生まれ）／鹿児島県出身／会社員

一人だけど独りじゃない

ラジオと孤独は相性が良い。ラジオは「寂しい孤独」を「楽しい孤独」に変えてくれる。ペリークロフネがラジオと出会ったのも会社を退職した孤独な時期。突然思い立ったラジオをお供にした徒歩での一人旅はとにかく楽しかったという。高校時代の寂しい思い出もラジオは笑いに変えてくれた。ラジオが生活に浸透すると、どうやら時空を超えて、過去まで「楽しい孤独」に改変してくれるらしい。

テレビとは違う面白さに驚いた深夜ラジオ

ラジオが趣味として自分の中に根付く前のことですけど、なんとなく記憶にあるのは中学生の頃。洋楽が好きだったんですが、毎週土曜日のお昼に洋楽のベスト10を放送する番組があって。自分用のラジカセを使ってそれを聴いていた記憶がかすかにありますが、番組名はまったく覚えていません。

どうして最初にラジオをつけたのかは覚えていませんが……。ただ、洋楽の情報に飢えていたところはありました。洋楽好きの友達が周りにいなかったし、まだインターネットは使いこなせていなくて、情報収集の一環としてラジオをつけたんだと思います。でも、習慣になる前に聴かなくなってしまいました。

それからもラジオとは縁遠い生活が続いたんですが、京都の大学に進学してから、ポッドキャストに出会うんです。偶然、iTunesで「ポッドキャスト」という欄を見つけて、押してみたら、知っている芸人の名前がバーッと出てきて。お笑いはもともと好きだったので、『爆笑問題カーボーイ』（TBSラジオ）や『くりぃむしちゅーのオールナイトニッポン』（ニッポン放送）のポッドキャストを聴き始めました。オープニングトークぐらいしか配信されていませんでしたけど、『JUNK』のものは一通り聴いていましたね。

全部面白かったんですが、特に『くりぃむしちゅーのオールナイトニッポン』には惹かれました。テレビと違う印象を受けて、トークの掛け合いだけでこんなに面白いんだって驚きがありました。それで、ポッドキャストを聴くのが習慣になったんです。基本は通学中に聴いていて、移動時間に楽しみができたという感覚でした。

ポッドキャストからラジオ自体に興味が向くのは、さらに時間が経ってからです。大学を卒業して、いったん就職したんですが、30歳手前で一念発起し、5年間勤めた会社を辞めて、大学院で哲学を学び直すことにしたんです。大学を卒業する時も本当は大学院に行きたかったんですが、その時点では経済的な理由で諦めていました。でも、それ以降もずっと引っかかっていて。大学院で哲学を学んだとしても、それで食っていけるわけではないし、将来のことを考えたら大きな回り道にはなってしまうのはわかっていましたが、ここは自分が納得するかどうかの問題で。

徒歩旅行の思い出に刻まれた『アルコ&ピースのオールナイトニッポン』

退職してから大学院に入学するまで時間があったのですが、ふと「暇があるから、今までできなかったことをやろう」と考えて、住んでいた板橋から江の島まで歩こうと思い付いたんですよ。10月のことでした。

実は100年以上前に正岡子規が同じことをやっているんです。僕は昔から歴史が好きなんですが、司馬遼太郎の歴史小説『坂の上の雲』にも、子規と秋山真之が江の島まで徒歩旅行する場面があるんですよ。時間はいくらでもあるし、せっかくだから挑戦してみようと実行に移しました。

この旅のちょっと前に『アルコ&ピースのオールナイトニッポン』のポッドキャストも始まっていて、それを聴き始めていました。このポッドキャストが僕にとっては衝撃的で、内容は放送終了後のアフタートークなんですが、子供の頃に流行った遊びや映画についてよく話していたんです。僕にとって、これが同世代のパーソナリティとの初めての出会いで、すべての話題が刺さりました。まるで同窓会に参加しているような感覚で聴けて、毎週の更新が楽しみになっていたことを覚えています。

ポッドキャストの冒頭ではいつも平子（祐希）さんと酒井（健太）さんが本編のラジオについてちょっとだけ触れていました。「今日は二代目宮崎駿を決めました」とか、「今日はジェイソンをもてなしました」とか意味がわからないことを言っていて（笑）。そこからアフタートークに入っていくんですけど、「いったいどんな番組をやっているんだろう」とずっと気になっていました。

当然、江の島までは長い距離ですから、好きな音楽はもちろん、ポッドキャストも聴きながら歩こうと考えていました。それならば、良い機会なので『アルコ&ピースのオールナイトニッポン』の本編にも触れてみようと。決行日までにあらかじめ録音しておいたラジオ音源を音楽プレイヤーに入れて、歩きながら聴いてみたら、どハマりしました。ここでようやくラジオそのものに興味を持つようになったんです。

金曜日の夜に出発して、江の島に着いたのは日曜日の昼でした。途中、漫画喫茶で2回ほど仮眠しましたが、あとは歩きっぱなしです。話だけ聞くとつらそうに感じられるかもしれませんが、自分としては自由を満喫できたし、聴いているポッドキャストやラジオの音声は面白いし、楽しい時間でした。歩き終えて、地図を見た時の「ここからここまで歩いたんだ」という達成感は、何物にも代えがたいものがありました。別に誇るものでもないし、自慢するためにやったわけでもない。歩いたことを誰かに報告するわけでもなく、あくまで個人的な満足感なんですけど。

この道中で、最初に聴いた『アルコ&ピースのオールナイトニッポン』は、「相棒アンドロイド ごちそうさん!」のコーナーが生まれた回だったと思います。オープニングトークで「競馬のファンファーレと『ドラゴンクエスト』のテーマ曲を作曲したのはすぎやまこういちだ」って話で盛り上がっていて。

ラジオを聴きながら歩いていると、不思議とその土地と番組がリンクして記憶されるんです。今、この回について考えて思い出した景色は夜中の杉並区でした。まだ歩き出した序盤で、すっかりハマってしまったんですね。最近の休みも史跡巡りで出歩くことが多いのですが、だいたい土日なので、金曜深夜に放送されている『東野幸治のホンモノラジオ』(ABCラジオ)か『三四郎のオールナイトニッポン0(ZERO)』をタイムフリーで聴いています。あとで訪れた史跡を思い出そうとすると、この2番組の放送内容まで思い出されることがよくあります。

ラジオで繋がった友達との遅れてきた青春

いざ『アルコ&ピースのオールナイトニッポン』を聴き始めると、自分も参加したい気持ちが強まり、可能な限り生で聴くようになって、年末ぐらいには投稿をするようになりました。ラジオネームはずっと使い続けることを想定して、歴史の中でも特に好きな幕末史から考えて決めました。

ただ、しばらくは採用されなかったです。初めて読まれたのは翌年2月。「ジャマイカのボブスレーチームにマイティ・ソーのハンマーを届けた」という投稿が最初です。番組のリスナー以外には意味不明な話だと思いますが(笑)。

初めて読まれた瞬間は震えましたね。生で聴いていましたが、本当に鳥肌が立って、夜中にガッツポーズしました。それから徐々に採用されるようになって、Twitterで他のハガキ職人さんとも繋がったり、声をかけられて実際に飲んだりしたこともあります。初めてラジオについて誰かと話したので、メチャクチャ楽しかったです。1部時代には、この時に知り合った人と一緒にアルコ&ピースの出待ちによく行っていました。だいたい有楽町のジョナサンで時間を潰してから、ニッポン放送に向かうのが定番のパターン。知り合いも増えて、毎日が楽しくて、遅れてきた青春みたいな感覚でした。

というのも、僕は高校の時に友達が一人もいなかったんです。爆笑問題の太田光さんみたいに、登校してから一言も喋らずに帰宅する毎日でした。中学時代は友達もいたんですが、新しい環境での関係づくりが昔から苦手で、進学した高校では全然馴染めず、友達ができないまま時間が経ってしまいました。つらい思い出になっている以前に、高校時代のことはほとんど覚えてないのが実情です。クラスメイトの名前を覚えないまま卒業しましたから。この頃にラジオに出会っていたら何かが違ったかもしれません。

ラジオを聴くようになって、一番投稿していた頃は、アルピーで言うと、リアルタイムで20〜30通ぐらい送っていた記憶があります。あんまりネタが思い付くほうじゃないので、コーナーには毎週10通ぐらい。自分の中では生活サイクルができて、大学院の自習時間に思い浮かんだワードをメモしておき、家に帰ってからそれを形にするというのが毎回の流れでした。なんとなく早めに送るのを心がけていましたね。当時は金曜日放送でしたけど、月曜日にはまとめて送る。そっちのほうが目立つかな、やる気を見せられるかなと思って（笑）。

大学院を卒業して、今の会社に勤める頃には『アルコ＆ピースのオールナイトニッポン』も終わっていましたから、リアルタイムで参加することも減りましたし、投稿自体も減りました。『アルコ＆ピース　D.C.GARAGE』（ＴＢＳラジオ）や同じ時期に始まった『うしろシティ星のギガボディ』（ＴＢＳラジオ）にはたまに送っていたくらいで。

最近はほとんど投稿していません。もともと深夜にリアルタイムで聴いて、その場で参加するというのが投稿の原動力で、生で参加することが自分の中で大きかったんだと思います。自分の中から湧き上がるものがなくなり、ネタも思い浮かばなくなった感覚があって。だけど、今でもたまに「また送りたいなあ」と感じる時があるので、再開する可能性はあります。アルピーが生放送をやったら、きっとまたリアルタイムで聴いて投稿するでしょうね。

聴いている番組の量は増える一方で、今が一番たくさん聴いています。もともと最初から手広く聴くほうではないんですが、昔から好きな番組は変わらず聴いていて、改編のたびに多少増減はありますけど、今は音声メディアの媒体が増えているので、結果的にちょっと増えていっている感じですね。全部で10番組ぐらい。たくさん聴いている人と比べるとそこまで多くはないと思いますけど。話題になった放送や、気になる番組をつまみ食いするように聴くことはありますが、習慣として聴く分では、今の量ぐらいが自分には合っていますね。

最近は『ＤＪ日本史』（ＮＨＫラジオ第１）のような、勉強になるカルチャー系・教養系の番組も聴くようになりました。少し前だと『カルチャーラジオ』（ＮＨＫラジオ第２）で、東京大学の本郷和人教授が『鎌倉殿の13人』の解説を全13回にわたって放送していましたが、もともと歴史や文化の話を聴くのが好きなので、深夜のお笑い系以外に聴くジャンルの広がりは出てきた気がします。年のせいか落ち着いた番組も欲するようになりました。

◎私が思うラジオの魅力

パーソナリティを身近に感じる距離の近さ

ベタですけど、〝ながら〟で聴けるのが一番大きいと思います。ちょっとした空いた時間にも、作業しながらでも聴けますし。個人的に一番ラジオが合うのは通勤時間。朝の憂鬱な時間がちょっと楽しくなるんです。僕の場合、片道1時間なので、『D.C.GARAGE』や『ハライチのターン！』（ＴＢＳラジオ）がちょうどいいですね。

あとは、パーソナリティとの距離が近いところも魅力です。テレビとは違って音だけのメディア。実際にはどこかのラジオブースで喋っているんですけど、まるですぐ側で話しているように、音だけが自分の耳に入ってくるので、距離を意識させることなく、同じ部屋にいるような一体感の中で楽しめるというのがラジオの魅力だと思います。

◎ラジオを聴いて人生が変わった瞬間・感動した瞬間

パーソナリティの言葉で嫌な思い出が反転した時

当時、『星のギガボディ』で、孤立しているリスナーを〝孤リスナー〟という呼称にしたら、孤独を感じたエピソードが番組に集まるようになったんです。そこで、僕も「高校の時に修学旅行でイギリスのロンドンに行ったけど、現地で孤立していた」という話を書いたんです。それが読まれて、お二人に笑ってもらえた時に、自分の中でずっと嫌な思い出だったのが昇華された気がしました。あの経験も無駄じゃなかった……わけではなく、やっぱり無駄だったとは思うんですけど、笑ってもらえて嬉しかった。それは印象に残っています。

イギリスでの自由時間は班行動なんですけど、僕は余り者だったので、人数に空きがある班に入れてもらって、ちょっと気まずさは感じていました。それでも初めての海外だったのでデジタルカメラを持って行って、写真を撮りまくったんです。でも、改めて見返したら、人間が写っている写真がほとんどない（苦笑）。建物とか、花とか、道とかばかりで、同じ学校の制服の写真はまったくと言っていいほどありませんでした。全部が嫌な思い出ではないんですけど。やっぱり細かくは覚えてないんです。自分の思いを共有する相手がいなかったから、心に定着しなかったんでしょうね。

うしろシティの阿諏訪（泰義）さんが学生時代に同じような境遇だったようで、メールを読んだ時に「わかるわかる」って共感してくれました。金子（学）さんは「そんな寂しいこと言うなよ」なんて言っていました。最後に阿諏訪さんが「でも、大丈夫。俺たちにはラジオがあるから」って締めて、金子さんが「うるせえ」ってツッコんで、CMに行く感じでした。

阿諏訪さんもそうですし、アルピーだったら平子さん、三四郎だったら小宮（浩信）さんもそうですけど、教室で孤独を感じていたパーソナリティには感情移入しやすいです。太田さんなんかは、その最たるもの。そういうパーソナリティは優しいんですよ。

もう一つ感動したのは『土曜朝6時 木梨の会。』（TBSラジオ）の2020年4月18日の放送。新型コロナウイルスが広がって、1回目の緊急事態宣言が発出され、行動が制限され始めた頃でした。番組自体はいつも通り進んだのですが、エンディングでノリ（木梨憲武）さんが「みんな大変だね。ハワイにも行けないんだよ」なんて話をして、終わり際の数十秒に「いろいろ大変だけどしょうがない。自分でやることを見つけましょう。やることを見つけるのが楽しいですから」と言ったんですよ。

　本当にそれだけだったんですけど、その時に自分でも意識してなかったストレスがフワッと軽くなった感じがして、ちょっと泣いちゃったんですよね。自分は緊急事態宣言と言っても、まあ何とかなるだろう程度に思っていたはずなんですけど、やっぱり無意識に不安や不満がたまっていたようで、そんな時に「いろんな制限がある中でも、やることを見つけることが楽しい」という言葉を聴いて、強い希望を感じたんだと思います。

　あの頃、ノリさんがお菓子の箱を切って、セロテープやボンドでくっつけて、フェアリーズという人形を作るという遊びを始めていて、「リスナーもやろうよ」って声をかけていたんです。それをSNSでアップするのがリスナーの間で流行ったんですけど、僕もそれにハマりまして、全部で100体も作りました。本当にあの時期はノリさんの明るさ、前向きさに救われていました。コロナ禍の窮屈な時期にノリさんがラジオをやってくれていたことのありがたさをずっと感じています。

　基本的にノリさんはラジオでも軽いスタンスで、思い付くままにバンバン言う感じなんですけど、生きるヒントになるような、芯を食ったことも言ってくれるんですよね。「やることを見つけるのが楽しいですから」という言葉は自分に物凄く刺さって、今でも忘れられないです。ノリさんはずっと前向き。ネガティブなことは言わないから、番組を通していつも心が軽くなります。思い返せば、つらかった高校時代も不安だらけの新社会人時代も『とんねるずのみなさんのおかげでした』が心の支えでしたから、僕はとんねるずにずっと救われていると言えるかもしれません。

◎特にハマった番組

深夜の遊び場＆土曜朝の前向きブースト

『アルコ＆ピースのオールナイトニッポン』でしょうね。不思議な番組でした。今までになく、今もないラジオです。アルピーのコント力から来る懐の深さと、スタッフの皆さんの構成力や臨機応変な対応力、そしてリスナーのメールが、本当に三位一体となって、異常な光を放っていたラジオだと思います。酒井さんの「今日はこんなことやっちゃいます」の掛け声に、みんなでこっそり集まる深夜の遊び場でした。

今でもたまに聴き直します。自分にとってはかけがえのない番組。出会ってなかったら、ラジオをここまで聴いてなかったでしょうし、知り合えていない友人もたくさんいますから。

あと、『アルコ＆ピースのオールナイトニッポン』での投稿が縁になって、加藤千恵さんの『いつか終わる曲』の作中でラジオネームを登場させてもらえたり、佐藤多佳子さんの『明るい夜に出かけて』では番組感想ツイートを作中に使っていただけたりと、本当に貴重な経験をさせてもらえたことは、僕にとって一生の自慢です。

他に番組を挙げるなら、先ほど名前を出した『木梨の会。』も好きです。とにかく自由でポジティブな番組。何が起こるかわからないリアルタイムの面白さがあります。ノリさんの一言一言ですべてが動いていく。こんなに動きがある番組も珍しいと思いますよ。

スーパースターの些細な日常の話が聴けて、ノリさんを身近に感じられるのも魅力。あと、ノリさんならではの人脈を活かした超大物ゲストがフラッとやってくる風通しの良さでしょうか。所ジョージさん、中井貴一さん、水谷豊さんが通常放送で遊びに来るんですよ？　何よりも大人のカッコ良さ、大人の遊び心を感じさせてくれる。これは他の番組で味わえない感覚です。ノリさんは仕事仲間のことを「友達」って言って、仕事することを「遊ぶ」って言うんです。そういうところもカッコ良くて、生き方として憧れちゃうんですよね。

あと、土日の始まりにこの番組を聴くことで、休日が凄く前向きな気持ちになるんです。どうしても平日の気持ちを引きずってしまうこともあるじゃないですか。でも、ノリさんのトークでブーストをかけて、楽しい土日が始まる気分にさせてくれます。『木梨の会。』が始まってからは、毎週土曜日は早起きしてリアルタイムで聴いているんですが、そうすると、土曜日の行動時間が長くなって、休日がより充実するんですよね。あと、タイムフリーで月曜日の朝に聴くのもオススメです。僕は月曜日の朝に2回目を聴いているんですが、憂鬱な週初めも前向きな気持ちにさせてくれるんです。

◎印象に残る個人的な神回

アルコ&ピースがラジオスターとして伝説を作り始めた回

神回という表現が正しいかわからないですが、自分にとって大事な回は、『アルコ&ピースのオールナイトニッポン0（ZERO）』の1部昇格が決まった回です（2014年3月6日放送）。今からすると信じられないですけど、当時の『オールナイトニッポン0（ZERO）』は1年で終わるのが当たり前で、改編期にはSNSも殺伐としていました。そういう空気の中での異例の昇格だったので、アルピーがラジオスターとして伝説を築いていく始まりの瞬間だったと思います。

あの時、平子さんが「みんなやったよ！」って言った声がいまだに耳に残っているんですよ。生で聴いていましたけど、あの瞬間にリスナーとして立ち会えた喜びや感動はずっと自分の中に残っていくでしょう。だからこそ、今でもアルピーを応援している部分もあります。

当時のアルピーは決して無名というわけではないですけど、賞レースを制したわけではないし、そこまで知名度はなかったはずで、それでもリスナーの熱が高まって、1部に昇格した。歴史が動いた瞬間だったと思います。今の若いリスナーにはなかなか伝わらないかもしれませんが、当時を知る者として語り継いでいきたい回です。

◎ラジオを聴いて学んだこと・変わったこと

真摯に自分の言葉で伝える大切さ

一つの話題に対していろんな視点があることを、ラジオは気付かせてくれました。特に僕らより上の世代のパーソナリティは世の中で話題になっていることにしっかりと触れるじゃないですか。デリケートな問題に対しても、それぞれの見方で、自分の言葉で語りかけてくれる。特に太田さんであったり、佐久間(宣行)さんであったり、ノリさんだったり、自分にとって憧れの大人がいろんな見方を示してくれる。それも一方的な言い方ではなく、「こういう見方もあるよね」という感じで話して、ギラついた世の中をフワッと包み込んでくれるんですよね。語りかけの優しさがあると思います。

テレビだとやっぱりセンセーショナルになってしまうし、どうしても限られた時間に短くまとめてしまう。ラジオだと自分のペースで真摯に語りかけてくれる。それってラジオならではだと思います。

◎私にとってラジオとは○○である

私にとってラジオとは「以前・以後で表現できるもの」である

メチャクチャ難しい質問で物凄く悩んだんですけど、今までの話を全部総括すると、自分の生活は「ラジオを聴く以前、ラジオを聴いた以後」で大きく違うんじゃないかと。ラジオを聴いてからの人生がまるで違うというか。

僕は昔から趣味は多いほうで、史跡巡りや映画、漫画、ゲーム……いろいろありますけど、ラジオってこの並びで「趣味が一つ増えた」って語れるレベルじゃないんですよね。あまりにも生活に浸透していて、普通に過ごしていても、常に「ラジオを聴く」ことが選択肢の一つとしてある感じ。それぐらい生活に密着していて。ちょっとした隙間にもラジオが入ってきて、聴き始めてから本当に生活が変わりました。何より、ラジオがきっかけで交友の輪が広がった。高校時代にずっと孤立していたことを思えば、30歳過ぎてこんなに知り合いが増えると思いませんでしたし、今やラジオとは関係ない話でも盛り上がれるリスナーの友達もいます。ラジオに出会った以後は、本当に人生が変わったなと感じています。

コラム2

深夜ラジオ

すべては「一人に一台」から始まった

前項のペリークロフネさんをはじめ、この本で取材しているリスナーたちの大部分は何かしらの形で深夜ラジオと接点がある。では、深夜ラジオがいつなぜ始まったのかご存知だろうか？

日本で深夜ラジオが本格的に始まったのは1960年代後半のこと。テレビの人気が急速に高まり、すでに当時からラジオ界は苦境に立たされていた。トランジスタラジオが普及したことで、ラジオの小型化が進み、「一家に一台」から「一人に一台」の時代に突入。そこで、番組の作り方をお茶の間向けではなく、個人向けにシフトし、深夜帯は学生リスナーを対象にした時間帯となったのだ。

当時、キー局のTBSラジオでは『パックインミュージック』、文化放送では『セイ！ヤング』、ニッポン放送では『オールナイトニッポン』を放送。インターネットがなかったのはもちろん、テレビの深夜放送もなく、夜の街に繰り出しても暇を潰す場所も少なかった。学生たちの持て余した熱量は深夜ラジオに集中し、「クラスの誰もが聴いているもの」としてカルチャーの中心に立った。兄貴分・姉貴分となるパーソナリティのトークを学生リスナーが聴くという形が一つのフォーマットになった。地方局でも次々と番組が誕生。深夜ラジオ黎明期の伝説を挙げ始めたらきりがないので、気になる方は各自で調べてほしい。

初期は放送局のアナウンサーや文化人が中心だったが、徐々に各局ともにタレント路線にシフト。

〝クラスのみんなが聴いている〟状況が保てていたのは1990年に終了した『ビートたけしのオールナイトニッポン』まではないだろうか。世の中の変化に伴い、若者が深夜にできることの選択肢が増えていき、深夜ラジオはあくまで〝好きな人が聴くもの〟になっていく。私が深夜ラジオに初めて触れたのは、小学6年生だった91年だが、この頃からすでに学校でリスナー仲間を見つけるのは大変だった。最近の学生リスナーに話を聞くと、リアルな人間関係でラジオ好きにたどり着くのはさらに難しくなっているようだ。

現在の深夜ラジオの中心は55周年を迎えたばかりの『オールナイトニッポン』。黎明期から名称を変えずに続いている。深夜1時からのいわゆる〝1部〟だけでなく、深夜3時台のかつては2部と呼ばれていた『オールナイトニッポン0（ZERO）』、新進気鋭のパーソナリティを起用する24時台の『オールナイトニッポンX』、大人向けの女性パーソナリティが担当する22時台の『オールナイトニッポンMUSIC10』などブランド展開されている。

『オールナイトニッポン』は常に時代を捉えて、変化し続けているのが特徴。時には時代の先を行きすぎてしまうこともあったし、パーソナリティを短期間で切り替える傾向にあった時期もあるが、長寿番組も増え、スポンサー数も全盛期を超えるほどに。近年、何度目かの黄金期を迎えている。

2023年7月現在、深夜1時台はAdo（月）、星野源（火）、乃木坂46（久保史緒里／水）、ナインティナイン（木）、霜降り明星（金）、オードリー（土）という布陣。深夜3時台も1部に負けない人気者たちの名前が並ぶ。無名の存在が入る隙間がなく、盤石のパーソナリティが揃っているだけに、史上最強の布陣という声もある。

もう一方の雄がTBSラジオの『JUNK』。黎明期の『パックインミュージック』以降、TBSラジオの深夜枠は数年おきに名称やコンセプトが変わってきたが、2002年からは『JUNK』に定着し、20周年を超えた。

『JUNK』の特徴はパーソナリティがお笑い芸人であること。伊集院光（月）、爆笑問題（火）、山里亮太（水）、おぎやはぎ（木）、バナナマン（金）と錚々たるメンバーが並ぶ。最も放送期間が短い山里でも2010年スタートで、長いスパンで番組が続いているのも特徴。『オールナイトニッポン』に長寿番組が増えた理由の一つが、『JUNK』の姿勢がリスナーから評価されていたことにあるのは明らかだ。

文化放送は現在、深夜の生放送を行っていない。かつて放送されていた深夜ドライバー向けの生放送も姿を消しており、現在の深夜ラジオは難しい立ち位置にある。

当初の〝若者向け〟というコンセプトはわずかながら残っているものの、中高年のリスナーも多く、幅広い世代に聴かれるものになった。パーソナリティの平均年齢も高くなっている。

「五十路のパーソナリティによる深夜ラジオを中高年のリスナーが生で聴く」という形が果たして正しいのかは、もはや長年聴いてきた私にもよくわからない。ただ、多様な世代が聴いているからこそ生まれる一体感があるのは面白いところ。それについてはのちほど触れてみたい。

ラジオネーム　楽しい鹿

男性／39歳（1984年生まれ）／埼玉県出身／トラックドライバー

芸人たちのラジオはトラックの運転席を自宅に変える

トラックドライバーはラジオと縁深い職業だ。今でこそ様々な選択肢があるが、かつては運転中にできることと言ったらラジオを聴くぐらいで、深夜帯にはドライバー向けの番組が放送されていた。一般的にはラジオを聴くのは余暇の時間だが、トラックを運転する楽しい鹿の場合はもっぱら仕事中。ラジオとは日々の生活に寄り添うもの……なんて言われがちだが、時と場合によっては仕事にも寄り添ってくれるらしい。

深夜ラジオで通勤時間が楽になった

以前はまったく違う仕事をしていて、ギターの職人をやっていました。どうしても作業が上手くいかず、職場で徹夜することになった日があって。いつも音楽を聴きながら作業していたから、コンポがあったんです。その日は気分を変えたいなと思って、なんとなくラジオをつけた時に『バナナマンのバナナムーン』（TBSラジオ）をやっていたんですね。それがラジオに触れた最初の出来事でした。23歳ぐらいの頃だったと思います。

僕は埼玉県民ですけど、ラジオと言ったらNACK5の存在を知っている程度。親の車に乗った時に流れてましたけど、ちゃんとラジオを聴いたことはそれまで一切ありませんでした。あの時に聴いた『バナナムーン』は深夜3時からの『JUNK2』という枠で、まだ「GOLD」がついてない頃でした。内容はまったく覚えてないんですけど、聴き心地がいいし、ちょっとボソボソ喋っているのも面白かった記憶があります。

今のようにradikoがない時代だったので、ラジオを聴く環境が整わず、それから毎週『バナナムーン』を聴くようにはなりませんでした。ただ、iTunesのポッドキャストでTBSラジオの深夜ラジオが配信されていたので、それでダウンロードして、通勤中に聴くようになりました。『バナナムーン』以外でも『アンタッチャブルのシカゴマンゴ』や『おぎやはぎのメガネびいき』などのポッドキャストを聴いてました。

通勤には1時間ぐらいかかっていたんですけど、以前はずっと音楽漬けで、知っている曲を聴いているわけですから、驚きや発見は特になく、何も考えない時間だったんです。ポッドキャストに切り換えて、その通勤時間が楽になりました。埼玉から東京に向かう満員電車の通勤ラッシュなのに、ちょっと笑いながら仕事に行ける。気分は上がりましたね。通勤時間が短くなったような錯覚がありました。それまでは帰るのも億劫でしたけど、「帰る時にも聴けるから楽しみ」なんて考えるようになりましたね。

そのあと、今はさすがにしないですけれど、YouTubeでラジオの本編をたまに聴くようになって。スペシャルウィークの時はちょっと無理して生活サイクルをずらし、リアルタイムで『シカゴマンゴ』を聴く時もありました。radikoがない時代は大変でしたよ。まだワイドFMもなかったからAMで聴くしかなかったんですけど、電波が悪く、ギリギリの聴取環境でした。

ラジオリスナー向きのトラックドライバーという仕事

それからギター職人を辞めて、地元の町工場で働くようになりました。ギター職人って演奏する技術は関係なく、木工作業とか、塗装とか、いろいろな工程があって、極めるのが大変なんです。駆け出しは給料も安く、そこから独立する人もいるんですが、自分はそこまでのレベルじゃないと思い、5年で見切りをつけました。僕は一人っ子だからなのか、あまり競争心がないんです。みんなと仲良くできたらいいやって考え方で、何事でも一番になってやるという気持ちは人より劣っている気がします。それが仕事にも出たんでしょうね。

何か作る作業が好きだったので地元の工場で働くようになったんですが、そのぶん、移動時間が減って、ポッドキャストを聴く時間も減りました。そのあと、高校の友達から「仕事を紹介するから、大型免許取れば」とアドバイスされて、トラックドライバーになったんです。運転はもともと好きでしたし、長時間するのも苦じゃなかったので。

ドライバーを始めたことはリスナー生活にとって大きかったですね。一人の時間がとにかく長いですし、運転中は自由なんです。ドライバーによっては音楽を聴いている人もいるし、お喋りが好きな場合は知り合いのドライバーさんと通話を繋ぎっぱなしにして、イヤフォンやマイクで喋っている人もいます。その中で、僕はラジオを聴くのがメインになっています。

運転している時は自宅にいる感覚に近いです。完全に一人の空間なんで、周りに気を遣う必要もない。以前は通勤中にクスクス笑ってたのに、ドライバーになってからはハンドルをぶっ叩いて、「ガッハッハ！」って爆笑するようになりました。運転中、すれ違ったドライバーに「なんでこいつ笑ってんだろう?」と思われる時もあるかもしれませんが、あまり気にしてませんね。ラジオリスナー向きの仕事だと思います。

トラックドライバーと言っても所属している会社によって内容はバラバラなんですけど、1日で平均6時間ぐらい運転していると考えてもらえばいいと思います。他にも荷物の積み込みとか、いろいろと作業が加わります。最初に運ぶ荷物を積んで最後に降ろすだけの場合もあれば、途中で少しずつ何度も積んでいく場合もあるし、本当に内容はまちまちですね。待機する時間が長いのもドライバーという仕事の特徴。その時間が暇だから、すぐ眠れる人は寝てますけど、僕は体型がガリガリなんで、トラックの中で寝るとすぐ体がしびれちゃうんですよ。だから、代わりにゲームをしたり、ラジオを聴いたりして時間を潰しています。

ただ、トラックドライバーでラジオ仲間はほとんどいません。正直、ガラの悪い人もいるし、高年齢化もあって、オジサンばっかり。Twitterのようなオタク文化の集まる場所に足を踏み入れる人も少ないから、ラジオ好きのドライバーと繋がりようがないんです。ハガキ職人までやっている人は、ほとんどいないでしょうね。

トラックに乗り始めた頃は『JUNK』メインで、土曜日の『エレ片（のコント太郎）』まで聴いてました。それにプラスして『有吉弘行のSUNDAY NIGHT DREAMER』（JFN）も聴いてました。『サンドリ』はいつから聴き始めたのか覚えてないんですけど、たぶんYouTubeがきっかけだと思います。有吉さんの毒舌は以前から好きでしたし、猿岩石で出てきた頃から

「この人、おっかない笑い方するなあ」って気になってました。

トラック内では基本radikoのタイムフリーで聴いています。リアルタイムで聴ける時間でも、僕はタイムフリーですね。途中で荷積みの仕事がある可能性があるので、生だとちゃんと全部聴けないんですよ。朝の情報番組だったら流し聴きでもいいんですけど、深夜ラジオは聴き逃したくないので。

反対に家ではラジオを聴かなくなっちゃいました。家に帰ると聴く気が起きないんですよ。仕事をやっている最中に聴く、運転席の空間で聴くというのに慣れちゃってるから、家に帰ると、ドライバーの仕事を忘れるのと一緒に、ラジオも1回脳から外れるというか。ある意味、ラジオを聴くことが仕事の一環になっているのかもしれません。主婦の方だったら、家事をするのが日常で、そこにラジオは根付くじゃないですか。僕の場合は、生活には寄り添ってくれず、仕事に寄り添ってくれている感じなんですよ。

有吉弘行にメールを読まれ、手が震えた瞬間

初めて投稿したのは『笑え金魚ちゃん』（YouTube配信）というネットラジオです。自分でTwitterのアカウントを作った時に、名前を覚えているハガキ職人さんをフォローしたんです

よ。ハガキ職人という存在に憧れもあって、「仲良くなりたい」という気持ちが少なからずありました。その繋がりから知った番組です。ちょっとオジサン寄りのラジオリスナーの集合体みたいな感じでした。

有名な職人さんも投稿していて、「この番組凄いな」って感心したんです。〝新しい人ウェルカム〟という雰囲気もあったんで、僕も送ってみようと思い立ちました。それでボケもそんなに入れずにふつおた（普通のお便り）を送ってみたんです。送った直後の回を聴くのはちょっと緊張したんですけど、いきなり読まれて。新規の投稿を読もうという優しさで採用したんだろうなと今になっては感じるんですけど。

読まれた時のゾワゾワ感といったら……。運転中だったんですけど、「おお！」って思わず声が出て、特殊なアドレナリンが出た感覚になりました。自分が送ったものを読まれる面白さを味わって、「好きな『サンドリ』にも送ってみよう」と思ったんです。

『サンドリ』には「短歌のコーナー」という短い文章のコーナーがあるんですけど、別にテーマもなく、「五・七・五・七・七」にさえハマっていれば、時期も関係なく投稿できるんです。そのコーナーに送り始めました。

1、2ヶ月経って有吉さんに初めて読まれた時は、さすがに体がビクビクして、手が震えましたね。あと、「ちゃんとメールを送ったら届いているんだな」って。これってみんな絶対そう思うんですよ。採用されないとどうしても「届いてないんじゃないか?」って考えちゃうんですよね。

すでにリスナー仲間も増えていたので、「読まれたね」と周りから言ってもらえたのが嬉しかったです。採用されたことを嫁さんにも話したんですけど、別にラジオが好きな人じゃないんで、「へえ〜」くらいの感じでした(笑)。

そこから定期的に採用されるようになって。平均して1週間に8通程度しか読まないコーナーなんですけど、そのうち5通が僕だったことがあったんです。有吉さんに「楽しい鹿しか送ってねえのか?」って言われたのは、一番嬉しかったですね。

他だとタイムマシーン3号さんが出演している『藤田ニコルのあしたはにちようび』(TBSラジオ)やトラックドライバーがメールテーマだった時の『高田文夫のラジオビバリー昼ズ』(ニッポン放送)に採用されたことがあるぐらいです。基本は『サンドリ』でしたね。

ラジオを聴いて尊敬するようになった伊集院光

ただ、ドライバーってハガキ職人向けの仕事じゃないんですよ。運転しながらラジオを聴いていると、投稿するネタを思い付くことはよくあるんですけど、ハンドルを握っているから、それを書き留められないいんですよね。次の番組が始まる頃にはすっかり忘れてしまう。だから、送る内容は運転しない時間に根を詰めて考えてました。

今は投稿をしていません。仕事の流れが以前よりも不規則で、急に時間が変わることもあるので、あまり時間が取れないいんです。また送ってもいいかなとは思うんですけど、そもそも一生懸命送るというスタンスではなかったので。結婚して子供もいるし、他にも趣味があって、友達とバレーボールのチームを作っているんですよ。趣味をいろいろと分散させているので、投稿だけに振り切れないいんですね。Twitterを始めたきっかけだった「ハガキ職人さんと仲良くなりたい」はほぼ達成した感じなので、何が何でも送ろうみたいな気持ちはありません。

最近は『サンドリ』はもちろんのこと、『JUNK』や『オールナイトニッポン』（ニッポン放送）など芸人さんの番組を中心に聴いています。『オールナイトニッポン』だと佐久間宣行さんが一番好きですね。『JUNK』だと特に『伊集院光　深夜の馬鹿力』と『爆笑問題カーボーイ』を聴いています。

ラジオを聴くようになってから、一番尊敬するようになったのは伊集院さんだと思います。ラジオとの向き合い方がとにかく真剣で、他の人たちと比べてもストイックで、良い意味で常軌を逸しているというか。「テレビはチームプレイだけど、ラジオは伊集院光が育ったところだから、自分でやっていきたい」という思い入れがわかってからより好きになりました。

爆笑問題の場合、太田（光）さんは何か起きると、そのあとに『カーボーイ』でちゃんと謝って、ちゃんと反省している。それを聴くと、また好きになるんですよね。太田さんは失敗を繰り返して人間を作り上げている感じがして、そこが特に好きなんです。

自分の考えをちゃんと持っていて、真面目なことを喋った時の心にぶっ刺さってくる話し方も好きですし、本当に優しいじゃないですか。あの人から他人を手放すことは絶対にしないんです。特に芸人さんに対しては凄く優しい。あとは、田中（裕二）さんの常軌を逸した発言（笑）。それもたまらないですね。

さすがに今の仕事を辞めたら、家でもラジオを聴くだろうなって思います。ただ、トラックドライバーは年を取っても続けられる仕事なんですよね。需要が多いわりに人手が少ない仕事なんで。免許も取りづらくなっちゃったから、とにかく若者が少ないんです。だから、まだ長くやれるなと思っていますね。大きな事故がない限り、リスナー生活は続くと思います。

◎私が思うラジオの魅力

どうでもいい話が聴けるメディア

ながらで聴けるところ。極端に言えば、ラジオがなかったら、ドライバーの仕事ってここまで続いてなかったです。音楽は好きなほうですけど、音楽だけだったら限界があると思うんですよ。

僕は適当で一人暮らしができるタイプじゃなく、世話のかかる人間なので、結婚できて本当によかったんですけど、それでも一人の空間が欲しくなる。嫁や子供がいるから、家では一人になれる時間がないので。だから、トラックドライバーもラジオもピッタリなんですよね。ラジオの音源を倍速で聴いている人の話を聞くと、「他の人はラジオを聴く時間を作らなきゃいけないいんだ」と気付かされます。僕はその必要がないんですよ。僕は仕事に行ったら絶対に聴けますから。残業すればするだけ聴けるという。

夜中にも放送しているし、公にしにくい面白さもあるし、ラジオってメディアの中ではかなりのオタク文化、沼文化だと思うんですよ。ハマればいくらでもハマれるけど、行きすぎると生活に支障が出る可能性があるので、そうなると時間が決まっている僕の今の状況はちょうどいいのかもしれません。

ラジオのトークって、どうでもいい話が面白かったりするじゃないですか。話が脱線したり、細かいところまで語られたり、そういうところも魅力で。テレビだと、逆にそこを削ぎ落として、限られた時間の中で面白い部分をバッとまとめる傾向がある。でも、そういう削ぎ落とされてしまう部分こそ、テレビだと伝わらないその人の魅力が表れるんですよね。そこもラジオの面白いところだと思います。

◎ラジオを聴いて人生が変わった瞬間・感動した瞬間

人生が変わっていたことに気付かされた放送

上島竜兵さんが亡くなった直後の『サンドリ』（２０２２年5月15日放送）は聴いていていて泣いてしまいました。僕自身は人が亡くなっても感情はそんなに動かず、落ち込んだことはあまりないんです。肉親でも同じで、自分をドライなほうだと思っていたんですね。誰かが死ぬことはもちろん悲しいんですけど、いつか自分も死ぬし、それが早いか遅いかじゃないかって考えてました。

最初は聴くかどうか凄く悩んだんですよ。例えば、結婚報道があった時も、有吉さんはそんなに喋らないんです。すぐにラジオのモードに変える。だから、今回もそういう風に済ませるのが有吉さんっぽいのかなと勝手に考えていました。モヤモヤした気持ちだったんですが、リアルタイムで番組を聴いた人たちの反応を見て、僕も聴かないわけにはいかないかなと。

聴いていて気付いたのは、自分もいつの間にか年を取ってきたんだなと。そして、有吉さんもやっぱり年を取ってきたんだなって。年齢というか、成長というか、老いというか。それを凄く感じました。

上島さんが亡くなったことを真正面から隠さずに悲しんでいる有吉さんがいました。上島さんは毎年ラジオに出ていましたし、好きではあったんですけど、僕からしたらちょっと離れた存在で。僕は有吉さんが好きで、その有吉さんが好きな人みたいな感覚だったんです。極論で言ったら他人なんですけど、上島さんが死んで悲しんでいる有吉さんに触れて、メチャクチャ泣いちゃったんですよね。ラジオでガチ泣きしたのはこの時だけ。人生が変わったというよりも、実は変わっていたことに気付かされた放送でした。

本当に聴いてよかったなと思いました。より有吉さんが好きになりましたね。普段はだらしないことを言っているんですけど、毅然とした人で、先導者みたいな強さがあるんですよね。その人が見せた弱さにグッときちゃいましたし、心がグチャグチャになった放送でした。

◎特にハマった番組

絶対に足を踏まない『有吉弘行のSUNDAY NIGHT DREAMER』

やっぱり『サンドリ』ですね。年々確実に変化はしていますけど、やっぱり毒舌、シモネタ、ゴシップは変わらなくて。ネットしてないので東京では聴けないとしても、これを日曜日の20

時から22時にやっている、というとんでもない異常さはありますね。

有吉さんは本当に危ないと思ったら、相手の足を踏まないんです。爆笑問題の太田さんと真逆なんですよ。太田さんは危ない人、ちょっと厄介な人でも、全員に足を突っ込んでいくんです。そして、絶対にその足を離さない。それが太田さんの良さなんですけど、有吉さんはちょっと危険な感じがすると、バリアを張るんですよね。ちょうどギリギリまでは行くんですけど、越えないラインが決まっていて、絶対に足を踏まない。何か言われても完全に無視する。有吉さんしかできないその感覚の鋭さも魅力ですよね。

あと、長く聴いていると、アシスタントの成長も番組の魅力になってきます。最初、実はアルコ&ピースのことを全然好きじゃなかったんです。斜に構えている平子（祐希）さんとろくに喋らない酒井（健太）さん、という印象でした。でも、今の酒井さんは上手に後輩にいじらせてあげて、邪魔しないんですよね。平子さんは有吉さんのいなし方が凄いんです。他の芸人さんも同様で、アシスタントがジワジワ成長していくのは好きです。

◎印象に残る個人的な神回

アンタッチャブル×ブラックマヨネーズの「ツッコミ先行宣言」

『アンタッチャブルのシカゴマンゴ』のブラックマヨネーズがゲストに来た「ツッコミ先行宣言」スペシャル（２００８年6月19日放送）です。たぶんこれが一番聴き返したラジオじゃないですかね。10から15回ぐらいは聴いています。ラジオを好きになった初期に出会った放送でした。

ツッコミの文言が決まっていて、それまでのネタを職人が考えるコーナーで、この時はアンタッチャブルとブラマヨの一本ネタを募集する企画だったんです。

基本、全部ザキヤマ（山崎弘也）さんがメールを読んで、３人で「ここおもろいな」みたいに笑う感じ。ほぼ全部のネタが外さなかったし、ちゃんとアンタッチャブルっぽいくだらないボケやちょっとした言い間違いがあるし、ブラマヨっぽいツッコミがボケに変わってきちゃう組み立てもあって、「ハガキ職人ってこんなことも書けるんだ」という衝撃を受けました。最後に「ちょっとやってみる?」ってブラマヨが読まれたネタのさわりをやったんですけど、もう本当にブラマヨなんです。本人たちも「ぎゅんぎゅん入ってくる!」「これパクっていいですか?」と言っていて。

全員芸人としてオールマイティで、喋るトーンも違う。人数が多いラジオって、ゴチャゴチャすることがありますけど、全然そんな感じがしないんですね。何度聴いても凄いなって驚かされるし、これを超す神回はなかなか出てこないと思います。このコーナーが『山里亮太の不毛な議論』(TBSラジオ)で開催している『他力本願ライブ』に繫がっているのは嬉しいですね。

◎ラジオを聴いて学んだこと・変わったこと

「とりあえずやってみよう」精神

ラジオって負の笑いというか、ネガティブな要素をちょっと笑える方向に持っていくじゃないですか。それってテレビではなかなか見られない。苦悩や悔しい気持ちは語るのに時間がかかるけど、テレビにはそもそもそれを喋る尺がないですしね。

失敗って人に言いたくなかったり、隠しちゃったりするじゃないですか。でも、ラジオを聴いてきて、時間が経った時に「こんな失敗しちゃった」と言えるような人間に少しはなれたかなと思うんです。

伊集院さんが「何か失敗した時にラジオでも話せるから、一歩が踏み出せる」ということを言っていて。それに近いんですけど、仕事やプライベートで「こんなことをやっても上手くいかないかなあ」と悩む時ってありますよね。パーソナリティでもないので、誰かに話す機会なんて僕にはそんなにないんですよ。でも、「負が笑いになることもある」と知っているから、「とりあえずやってみよう」という一歩を踏み出しやすくなったなって。

僕はありがたいことに嫁さんがいるんで、何か失敗したらすぐに嫁さんに話すと、モヤモヤとしたものが晴れるんです。もちろんそのあとに「何失敗してるの!?」って言われたら、「はあ?」ってなるけど、それはまた別の話で(笑)。言葉にすると楽になることってメチャクチャありますから。もしラジオに出会ってなかったら嫁さんにも話さず、もっとカッコつけてたんじゃないですかね。

◎私にとってラジオとは○○である

私にとってラジオとは「人の話」である

この質問はメチャクチャ悩みました。いろいろ考えたんですけど、「人の話」です。悪く書けば「他人の話」でもいいし、良く書けば「人間の話」でもいいし。

ラジオを聴き始めた頃は、テレビからの流れもあって、面白いことを望む傾向があったんですけど、失敗とか、苦労とか、面白いだけじゃ片付けられないような話を聴けるのがラジオの魅力だと思うようになってきました。

それが相まって、番組が好きになるよりも、パーソナリティの「人」が好きになる。今は伊集院さんや有吉さんの他の番組も追いかけちゃいますけど、それって人が好きになっているんですよね。その人の性格や悪い部分は、テレビだと極端に映ることがあります。悪いところだけが映ることもあるんですけど、ラジオだと良いところも悪いところも全部その人として話が聴けるんですよね。

特に僕は運転中に聴いているじゃないですか。自分で望んでいるはずなんですけど、やっぱり孤独なんです。一人ではいたいんですけど、そこは表裏一体で。でも、ラジオには人がいるんで、人の話を聴けるから、嫌な孤独を埋めてくれる。一人だとしんどい日もあるけれど、そういう時にラジオには音声だけど人がいるんで。ラジオがあるから仕事を続けていけるんです。聴くという行為について考えると、すがるものでも、頼りきるものでもないですし、じゃあなんなのかなと考えた時に、「人の話」かなって思いました。

コラム3

アルコ&ピースの活躍

「ラジオ出身」の名コンビが作る深夜の熱狂

ペリークロフネさんと楽しい鹿さんの証言に名前が出てきたお笑いコンビ・アルコ&ピース。本書では彼らのラジオで人生を変えられたリスナーたちが登場する。

アルコ&ピースは平子祐希と酒井健太による太田プロダクション所属のお笑いコンビ。互いに別のコンビを経て、2006年に結成。2012年の『THE MANZAI』で決勝に進出し、ファイナルラウンドまで勝ち残って、知名度を上げた。翌年には『キングオブコント』でも決勝進出を果たしている。

ラジオでは、売れない時期から2人に目をかけていた事務所の先輩・有吉弘行がパーソナリティを務める『有吉弘行のSUNDAY NIGHT DREAMER』（JFN）にアシスタントとして定期的に出演。その後、3度の単発放送を経て、2013年4月にニッポン放送で『アルコ&ピースのオールナイトニッポン0（ZERO）』がスタート。この番組で深夜ラジオリスナーから圧倒的な支持を受けた。

この番組の特徴は、〝茶番〟と呼ばれていた映画や世の出来事などをモチーフにして、毎週行われていたコント仕立ての展開だろう。番組の流れを決定付けるのは、リスナーたちからリアルタイムで届くメール。それいかんによって、その日の放送は思ってもみない方向へと進んでいく。

ほとんどの回が言語化すると意味不明になるので、紹介するのは野暮なのだが、一つ例を挙げるならば、季節毎の恒例だった「アーティストの乱」という企画がある。「CDの売り上げやライブの動員数、歌唱力など一切関係なく、アーティストが殴り合いのケンカでぶつかり合って、誰が一番強いのかをハッキリさせる戦」と番組内では紹介されていたが、妄想したその戦況報告をリスナーから募集するという趣旨。「戦」なのだから、毎回何かしらの決着をつけていたが、日本の著名なアーティストはもちろん、海外勢まで参加してくるのだから混乱は避けられず、神回になる時もあれば、収拾がつかなくなる時もあった。その振り幅こそがこの番組の魅力だった。

リスナーにここまで命運を託すスタンスは深夜ラジオの歴史でも類がなく、この番組から投稿を始め、ハガキ職人となったリスナーも数多い。放送当時はradikoこそすでにサービスが始まっていたが、過去の放送を〝後追い〟できるタイムフリー機能は実装されておらず、生放送で聴くしか参加できる選択肢がなく、今よりも聴くためのハードルが高かった。言わば、平日の真夜中に起きているリスナーだけにチケットが与えられる音声のみのテーマパーク。あくまで局地的ではあったが、異常なほどの熱狂を生んでいた。

コント師として定評のあるアルコ&ピースは、この番組のパーソナリティに適任だった。フリートークや通常のコーナーを挟みつつ、時にナビゲーターになり、時に茶番の当事者になり、時に煽り役となって躍動。2人の魅力は今回取材したリスナーたちが熱く語っているので、そちらを参照していただきたい。

ただ、当時の『オールナイトニッポン』はパーソナリティの入れ替わりが激しく、アルコ&ピースもその流れに翻弄された。スタートから1年後、深夜1時台に昇格したものの、翌年には再び3時台に降格。最終的に3年間で番組の歴史は幕を閉じた。ラジオリスナーの支持は集まっても、お笑い界の賞レースでは苦闘続き。世間一般までその魅力はまだ届いていなかった。

終了発表時にはハガキ職人を中心に嘆き悲しむ声が広がり、怒りをあらわにするリスナーもいて、私のTwitterのタイムラインは騒然としていたのを覚えている。のちにこの番組のリスナーを主人公にした小説『明るい夜に出かけて』（佐藤多佳子・著）が出版されて話題になったことをご存知の方もいるかもしれない。

『オールナイトニッポン』終了から半年経った2016年9月、TBSラジオで『アルコ&ピースD.C.GARAGE』がスタート。リスナーたちを喜ばせた。収録放送中心で、熱狂を生んだ〝茶番〟こそなくなったが、リスナーまで巻きこんで妄想を重ねるグルーヴ感や、家族の話まで赤裸々に語る姿勢はいまだに健在。変わらずに支持を広げている。

2013年からFM FUJIで放送している乃木坂46のメンバーと組んだ『沈黙の金曜日』のほか、平子も酒井も個人でも番組を担当しており、アルコ&ピースはラジオスターぶりを発揮している。それどころか、最近はテレビの世界でも2人の活躍を見る機会が増えてきた。リスナーたちは10年近く前からその面白さを知っていたけれども、ようやく世間の評価が追いついてきたらしい。本人たち曰く「ラジオ出身」のアルコ&ピースが全盛期を迎えるのはこれからだ。

相澤遼（ラジオネーム・時任三郎）
男性／28歳（1995年生まれ）／秋田県出身／お笑いコンビ・アルバカーキ

ハガキ職人をやめて、青春が終わった

ラジオネーム・時任三郎こと相澤遼の人生が変わる瞬間を私は目撃している。2016年3月24日木曜日、深夜28時半、ニッポン放送裏口前。『アルコ＆ピースのオールナイトニッポン0（ZERO）』の最終回が終わった直後のこと。出待ちしていたリスナーたちの前にパーソナリティの2人が現れ、人垣ができたが、その後方で彼は立ち尽くしたまま号泣していた。まるで生きる意味をなくしてしまったように。しかし、その時、彼は芸人になることを決意していた――。

『有吉弘行のSUNDAY NIGHT DREAMER』に感じた背徳感

ほとんどの人がそうだと思うんですが、父親の車の中で聴いたのが最初のラジオの記憶です。小学校低学年とか、幼稚園とか、そのぐらいの時期。聴いていたのは家族で買い物に行く日曜日の午後……『NISSAN あ、安部礼司 ～BEYOND THE AVERAGE～』（TOKYO FM）が放送されているあの時間帯ですね。1時間ぐらいかけて買い物に行くんですけど、帰りは秋田でしか流れていない『ほろ酔いJAZZ NIGHT』（エフエム秋田）が流れていて。ジャズを流すだけの番組なんですけど、その名前はやたら覚えていますね。まだ放送してるのかなって、時々思います。

子供ながらに『安部礼司』は面白いなと素直に受け止めてましたけど、家に帰ってラジオを聴くかといったらそんなことはなく、テレビを見ていました。

ちゃんとラジオを聴き始めたのは高校3年生になる頃だった気がします。受験勉強が始まり出して、きっかけはハッキリと覚えてないんですけど、吸い寄せられるようにラジオを聴き出したんです。

今でこそよくないとわかるんですが、YouTubeにもラジオの音源があるじゃないですか。お笑いはもともと好きで、中学生の頃から芸人になりたいなと密かに考えていたんですけど、動画を見ていくうちに、お笑いの映像の中に急にラジオの切り抜きが入ってきて。そこで「これってラジオなんだ」と気付いたんじゃないかと思います。「こんなに面白いんだ」と改めて知って。その時に聴いたのは有吉弘行さんの『SUNDAY NIGHT DREAMER』（JFN）でした。それで定期的に聴くようになったんです。

その頃は〝ラジオを聴こう〟じゃなく、〝『サンドリ』を聴こう〟でした。半年ぐらいはこの番組だけで精一杯だったというか（笑）。過去の音源も遡っていたので、それだけで時間が足りなくなってました。

純粋に「こんなことを放送で言って大丈夫なの？」というのが最初の印象です。細かな放送倫理はわからなかったですけど、明らかに抵触しているだろうって思っていました。「もしかしたらこれって実際には放送されてないんじゃないか？」「自分にしか聴こえないんじゃないか？」と錯覚するぐらいの閉塞感、密室感があり、〝夜中に食べるカップラーメン〟みたいな背徳感にハマりましたね。その密かな雰囲気が好きだったので、周りの友達にも教えませんでした。

投稿が読まれた時の圧倒的な体験

芸人になりたいと最初に思ったのは小学生の頃に『M－1グランプリ』を見た時。特に大きかったのは2007年にサンドウィッチマンさんが優勝したことです。自分も東北の人間なんで、聞き馴染みがあり、シンパシーを感じる喋りが世の中で一番面白い漫才になった日を目撃して、「この人たちみたいになりたい」という漠然とした憧れを持つようになりました。

あと、中3の時は「盛り上げ隊」という組織に入っていました。1年でなくなった学校公式の組織なんですけど、新入生歓迎会や学園祭などのイベント冒頭で前説を任されていたんです。漫才や小芝居をして緊張感をほぐし、柔らかい雰囲気にするのが役割で、そこでお笑いみたいなことをしてました。高校受験のタイミングで「自分はお笑いをやりたいんじゃないか？」という思いに火が点いて、それから芸人を目指していましたね。

高校時代の僕は明るい性格で、わりと誰とでも仲良くできるタイプでした。修学旅行のバスでは、一番後ろの真ん中の、玉座みたいな席に座ってましたよ。ただ、その修学旅行では風邪で休んでいる間に班長にさせられて、夕飯を食べている間に班長の会議をやる決まりがあったんですが、部屋に戻ったら、晩ご飯のすき焼きを全部食べられてしまって（笑）。京都駅近くの吉野家で牛すき鍋膳を食べたという悲しい思い出があります。

『サンドリ』以外の番組に触れるようになったのは、大学受験で上京した時からです。2014年の2月頃に、2週間ぐらい東京に泊まって試験を受けたんですけど、その時にスマホに入っていたradikoで、普段は聴けない東京のラジオを聴いたんです。当時、まだエリアフリー機能はなかったので、『JUNK』（TBSラジオ）や『オールナイトニッポン』（ニッポン放送）を勉強そっちのけで一晩中聴いていました。

その2週間でラジオ熱が沸騰して、過剰摂取してしまったというか、こっちでしか味わえないラジオを存分に吸い込んだ記憶があります。まあ、受験は4打数1安打と散々な結果に終わったんですが（笑）。受験が終わったら実質春休みみたいなもんですから、卒業までずっとラジオを聴いていました。『JUNK』の『おぎやはぎのメガネびいき』や『バナナナムーンGOLD』をサラッと聴きつつ、基本は『サンドリ』に本腰を入れて、何度も聴いている感じでしたね。

上京して横浜で大学生活が始まったわけですが、学校にまったく馴染めませんでした。お笑いをやりたかったんで、お笑いサークルに入ろうと思ったんですけど、一切存在しなくて。有志の集まりみたいなレベルすらもなく、いきなり挫折したんです。単なるリサーチ不足だったんですけど、友達もできず、「これからの4年間どうしよう？」と思わずにはいられませんでした。

入学前から夜中にラジオを聴く生活になっていたんで、大学に通う生活のサイクルが合わず、それで全然行かなくなっちゃって。奨学金と親からの仕送りを頼りに、部屋の中に引きこもっていました。

学校にも行きたくないし、働きたくないし、親には「ちゃんと学校に行ってる」と嘘をついて。本当にクズ生活なんですけど、その時は「自由だ！」って感じもありましたし、メチャクチャ楽しかったです。最終的に秋頃には重い腰を上げて、コンビニでアルバイトを始めるんですが、その前にクズ生活が続いていた6月ぐらいからラジオへの投稿を始めたんです。

始める前は投稿って格式高いものだと思ってました。生半可にはできないから、きっかけがないと送れないって感じていた気がします。そのきっかけになったのは『サンドリ』にあった「池田の発言」というコーナー。自分の中でポンと思い付いたネタがあって、「これを送って読まれたら本格的に投稿を始めよう」と考えていました。

そうしたら、3週間後ぐらいに読まれて。その瞬間は「ウワー！」って思わず声を上げましたね。ブワーッと顔が熱くなるけど、恥ずかしいのとは違うんです。耳の後ろから頭まで温度が急上昇するみたいな感覚で、嬉しさで言うなら、圧倒的に初体験よりも上です。「これは現実だよな？」と確認したい気持ちもあり、やっと認められたという喜びもあり、「これって聴いている人は面白いと思っているのかな？」という不安もある……みたいな。ファミレスのドリンクバーで全種類を混ぜたものを飲んだ、みたいな感覚でした。

東京でできた初めての友達はリスナー仲間

ラジオネームは最初から時任三郎（ときとう・さぶろう）さんがテレビに映っていると、名前の区切りを別の場所にするのを想像する癖があったんですよ。なぜか時任さんだけに発動するんですけど。それがずっと心の中にあって、ラジオネームを考えた時に思い浮かんだんでしょうね。なぜそれが最初に出てきたのかは謎ですが。

この頃は『サンドリ』にメールを送るために1週間を生きていて、時々大学に行く、みたいな生活サイクルでした。別の番組に送ったのは『アルコ&ピースのオールナイトニッポン』が最初です。2014年9月に『サンドリ』のアシスタントをアルピーさんがやっていて、メチャクチャ面白い人たちだなと改めて思って。それまでも時間が合えば聴いていたんですけど、「次からは欠かさず聴こう」というモードになりました。翌週からは生メールも送り始めて。全国からご当地パーソナリティを集めて〝ラジオ四皇〟を決める回（2014年9月19日放送）でしたけど、この時もいきなり採用されました。この頃は毎週何かしらの形で1通は読まれるか読まれないか……ぐらいだったので、打率はそれなりに高かったと思います。ネタよりも圧倒的に生メールが多かったんですが。

リスナーの知り合いができたのは出待ちがきっかけです。最初は「Twitter上で他のハガキ職人さんとやり取りするようになり、飲み会にも誘ってもらったんですけど、バイトを始めていたんで参加できなくて。そんな状況で翌年春に、『アルコ&ピースのオールナイトニッポン』の出待ちに一人で行ったんです。深夜1時台最後の回で、ラジオ関係のイベントごとに参加するのは初めてでした。

その時も他の職人さんから「有楽町のジョナサンに集まってますよ」とご連絡をいただいたんですが、店の前を行ったり来たり、エレベーターを昇ったり降りたりして、結局リスナーの輪には入れず……。絶対にあの集団なんだろうなという人の群れが見えたんですけど、勇気がなかったです。ラジオリスナーもお笑い芸人もそうなんですけど、実際に入ってみたらまったくそんなことないんですが、傍から見た時に〝来んなよ感〟を感じちゃうんですよね。放送終了後、アルピーのお二人にサインをお願いした時、ラジオネームを言ったので、それに反応してくれた職人さんがいたんですけど、その人たちとちょっと話しただけで、その日は帰りました。

そのあとはリスナーの飲み会に呼ばれると参加するようになって、いろいろな職人さんと急激に仲良くなりました。最初は怖さもあって「一番皮を被った状態の自分で行こう」という気持ちがありましたけど、普通に面白い人たちで、僕の考えは杞憂に終わりました。リスナー仲間が、東京でできた初めての友達でした。

大学をサボっていることが親にバレてしまったので、学校に行くようにはなったんですが、2年の夏頃にはまた行かなくなり、休学状態になって、22歳で退学しました。その間、コンビニでバイトしていたんで、実質はフリーターみたいなもんですね。

〝投稿〟から〝お笑い〟へ

当時は芸人になりたい気持ちが一番宙ぶらりんだった頃です。大学でお笑いができない中、ラジオへの投稿が面白の発散になっていて、作っても世に出せない面白をラジオに流していた感覚が残っています。芸人になる手段がなくて呆然としていましたが、そんな時に、『アルコ&ピースのオールナイトニッポン0(ZERO)』が終わることになったんです。

本腰を入れて投稿するのは『サンドリ』とこの番組だけだったんで、勝手に自分の中で一時代が終わるような気持ちになりました。長い思春期がその日を境に終わった、そんな感覚でしたね。

1年前とは違い、リスナー仲間とジョナサンで最終回を聴いてたんですけど、ニッポン放送の裏に移動したら物凄い行列ができていて、その列に並びながら放送を聴いていたら、徐々に気持ちが高まり、番組が終わった瞬間から泣きそうになっていて。いざアルピーのお二人がニッポン放送の裏口から出てきたら、もう涙が止まらなくなりました。節目節目で泣くタイプではあるんですが、あんなに泣いたのは人生で初めてで、自分でも自分にびっくりしました。帰りにリスナー仲間と飲みに行って、皆さんの励ましとお酒のおかげで、最後は少し前向きになれました。

この日が大きな区切りになって、芸人になろうと改めて決意したところはあります。翌年には『R－1ぐらんぷり』（当時）にも出場したんですよ。1回戦で落ちたんですけど、そこでは気持ち的には吹っ切れました。「やり方はいろいろあるし、あとは相方を探すだけだ」なんて考えていましたね。

今の相方（金子航大）とは、2017年11月の『ラジフェス』で出会いました。イベント終了後に大人数で飲んでいた中にいて「何やら騒がしい若者がいるな」くらいの認識だったんですけど、翌年の『ラジフェス』でも顔を合わせて。話しかけたら「俺もお笑いやりたい」って言うので、その場でコンビを結成しました。相方もハガキ職人（ラジオネーム・ゲスの極みオナベ。）でしたし、学校に馴染めないタイプで、わりと同じような境遇だったんです。仲が良すぎて、最初の1、2年はただただひたすらずっと一緒に遊んでたんですよ（笑）。毎年『M－

1』にだけは出るみたいな状況でした。

本当に相性が良すぎるんですよね。年に1回ぐらいは一緒にディズニーランドに行ってますし、最近は芸人の先輩と飲みに行く機会が増えているんですけど、コンビ揃って参加しているのは僕らぐらい。最近でこそ意識してないですけど、もともとラジオ好きという繋がりがあったのが大きいのかなと思います。

数は減りましたけど、今でもラジオは聴いています。最近は周りの芸人にネットラジオをやっている人たちがたくさんいるので、先輩の番組も聴くようになりました。今でも『サンドリ』と『アルコ&ピース　D.C.GARAGE』（TBSラジオ）は欠かさずに聴いています。

コンビを結成するちょっと前から投稿はしていません。号泣してから次第に投稿自体減っていたんですけど、タイミングよく相方が見つかり、そこで送らなくなりました。「投稿をする」から「お笑いをする」に切り替わった感じです。たまに名前を変えて送ることはありますが、今からラジオネーム・時任三郎を名乗ることはできない、戻れないという感じはします。

コンビとしてYouTubeでラジオをやっているんですが、パーソナリティって本当に難しいですね。「キャリアを重ねたらできるようになるのかな？」とも思うんですが、「いつまでたってもスムーズには話せないんだろう」という気もしています。

自分で聴いてみたら、ラジオとして成立してないんですよね。ラジオってコンビそれぞれの主張はあれど、聴いていると自然ときれいに着地するじゃないですか。でも、僕らには話の軸というか、筋がないんです。それをできるようになりたいですね。そういう部分を見えないようにやっている芸人さんたちは凄いなと思います。自分たちで番組を始めて、その凄さがわかるようになりました。

当面の大目標は、アルコ&ピースさんに「ラジオネーム・時任三郎です」とちゃんとあいさつすること。所属している事務所がK－PROなんで、アルピーさんも関係性はあるんですけど、会社の人に「アルピーいるからあいさつしなよ」と言われるんじゃなく、ちゃんとした形で名乗れたらなって。さらに、有吉さんもいらっしゃいますし、その山は高いですね。

でも、芸人でそういう登山ルートが見えてるのって珍しいんですよ。あまり自覚はなかったんですが、ラジオが好きな芸人は結構いるんですけど、ハガキ職人だったのは僕らの世代だと貴重な存在みたいなんです。テレビを見ていただけでもルートは漠然とあるんでしょうけど、ラジオってちょっと玄人の登山ルートじゃないですか。やっぱりその道から登りたいですよね。「認められたい」とはちょっと違いますし、一方的な感情なんですけど、いつか投稿していたことを伝えたい気持ちは強いです。

◎私が思うラジオの魅力

100%自分のものにしたくなる一人遊び

他の職人さんと知り合うまでは自分だけでラジオを楽しんでいたんですけど、誰かと共有するものじゃないと思うんです。テレビのように「昨日、〇〇って見た？」なんて周りと話すものじゃないという肌感覚があって、一人遊びに近いのかなと。

もったいない時間の使い方かもしれないんですけど、僕はながら聴きをしないんです。何回か聴いた音源やアフタートークのポッドキャストなら〝ながら〟でもいいんですけど、普段は座るか、寝っ転がるかしながら、他には何もせずに聴いていて。僕の場合、ながらだと気が散っちゃうんですよ。ポリシーがあるわけじゃないんですが、どうしても100%全部を自分のものにしたいという気持ちが強いのかもしれません。年を取ったら肩の力が抜けて、こんな楽しみ方もあるんだって思うかもしれませんが。

◎ラジオを聴いて人生が変わった瞬間・感動した瞬間

アルコ&ピースのラジオでモノマネ芸人・むらせが覚醒した瞬間

僕の中で『アルコ&ピースのオールナイトニッポン』を聴き直す時期が半年に1回ぐらい来て、それを聴きながら寝るんです。就寝前に好きな本を読んでいる感覚に近くて、自分がメチャクチャ面白いと思っている時期を集中的に聴くんですが、特に印象的なのは2014年1月9日放送分。本田圭佑のモノマネをするむらせさんがゲストに来た回です。

最近も聴き直したんですけど、芸人になってから聴くと、180度捉え方が変わって。先輩から無茶振りされて、リスナーから変な大喜利のお題を出されて、それに一発で返さなきゃいけないというプレッシャーもある中、むらせさんが凄まじいんですよ。おこがましい話になってしまうんですが、2時間で徐々にノッてきて、後半は何を言っても面白いし、どのモノマネを出してもウケる状態になるんです。もちろんそこにはアルピーさんの力もあるんですが、当時はわからなかったむらせさんの凄さを今は余計に感じるんですよね。

お笑いライブに出ると自分たちが一番後輩のことが多いんですが、先輩に話を振られてもドギマギして、ヘラヘラして終わっちゃうことがよくあります。大喜利ライブにたまに出ても、マジでなんにも思い付かないんですよ。それに近い状況で、2時間集中的に追い込まれながらも、芸人として一皮剝けていく様は感動的で、芸人なら全員聴くべきだなと思います。

◎特にハマった番組

『有吉弘行のSUNDAY NIGHT DREAMER』と『アルコ&ピースのオールナイトニッポン』

やっぱり『有吉弘行のSUNDAY NIGHT DREAMER』と『アルコ&ピースのオールナイトニッポン』でしょうね。

『サンドリ』も近い感覚だと思うんですが、『アルコ&ピースのオールナイトニッポン』って絶対まともな大人だったら聴かないと思うんですよね。若者だけって感じではないですけど、自分の親があれを聴いてたら、嫌だなって思いません？（笑） 恋人が聴いていても嫌かもしれないです。他のジャンルにもあると思うんですけど、当時は区切られた線の中に自分が入っている感覚があって。秘密基地と言ったら月並みですけど。

ものの見事にあの番組に関わっていた人たちは、スタッフさんも含めて今は全員忙しくなっていますから、とても貴重な放送を聴いていたんだなって思います。アルピーさんはジワジワ人気が出てきて、最近は物凄く活躍されていますよね。やっぱり平子さんの魅力、酒井さんのヤバさを理解するのに、普通の人たちは4年ぐらいかかるんだなと改めて感じました。

◎印象に残る個人的な神回

『有吉弘行のSUNDAY NIGHT DREAMER』の加山雄三回

リアルタイムで聴いた神回となると、『サンドリ』だったら2014年の夏に初めて触れた加山雄三回が衝撃的でした。知らない人に説明すると……毎年『24時間テレビ』の真裏で放送するんですが、加山雄三さんが武道館で「サライ」を歌う直前の20時に半蔵門に来て、ラジオ内でリハーサルをするんですよね。フルで1回歌ってから、1回武道館のほうに行かれて、21時台にまた半蔵門に戻ってきて……これ、なんて説明したらいいのかなあ（笑）。なんとか言語化しようとしましたけど、無理でした。

要は有吉さんが加山さんの仮面を勝手に拝借して、好き放題やる回なんです。自分が『サンドリ』を聴いているのは確かだけど、でも自分が耳にしていることは理解できないというか。加山雄三回についての記憶はいっぱいあるんですけど、言語化できる要素はそんなにないんですよね。楽しさの部類で言うと、教室でコソコソと先生のモノマネをしながらケタケタ笑っている感覚に近いというか。決してバカにしてるわけではないんですけど、やっちゃいけないに近い、むしろやる必要のないことの面白さ、バカバカしさが詰まっている回だと思います。有吉さんとリスナーで作り上げる悪ふざけが究極に達するのが毎年この回って感じで。この放送が終わると、なぜか夏が名残惜しくなるんですよね。どうやってもこの回の魅力を人に説明できないんですけど、僕にとっては神回です。

◎ラジオを聴いて学んだこと・変わったこと

あらゆる角度のエゴサーチをする癖

意外と自分って面白いんだな、と学んだところはあります。投稿するメールを書いている時も、芸人になってネタを書いている時もそうなんですけど、たまに物凄くいいフレーズやきれいなくだりがポンと思い付くんですよ。でも、「これって、自分が作ったものじゃない」という感覚がどこかあるんです。「一発でこんなに面白いものを思い付けるわけがない。誰かが書いたネタを聴いていて、無意識のうちにそれを思い出しただけなんじゃないか？」と思うことが結構あって。心配になるから、あらゆる角度のエゴサーチをして、ないことを確認するんです。

ただ、元ネタが見つかることはほとんどなく、それでようやく「自分が考えたものの面白さはある程度ラジオの投稿で認められたのだから、そこは信じていいんじゃないか」と思えるんですね。このエゴサの儀式を通過してから、ようやく自信を持ってネタができるところはあります。あと、真似してないか調べることでエゴサの能力も高まったかもしれません。ライブ後は、自分の発した言葉や動きをつぶさに検索し、お客様からの好意的なツイートを自信に繋げたりもしています（笑）。

◎私にとってラジオとは○○である

私にとってラジオとは「究極の一人遊び」である

僕は昔から一人遊びが好きだったんです。小学校高学年になるまでトミカで遊んでましたし、引きこもっていた時期はゲームに熱中してたんですけど、一つのソフトをずっとやっていました。『ウイニングイレブン』だったら一つのチームで100年分のシーズンをプレイしたり、『プロ野球スピリッツ』だったら、山﨑武司が1シーズンでホームランを400本打つぐらいまでやったり。

そういう一人遊びの究極系がラジオなんじゃないかと。僕にとって投稿をしなくなったのが青春の終わりだったとすると、投稿は子供時代にできる一人遊びの到達点だった感じがします。

ラジオの楽しみ方、感じ方はその人の背景があってこそで、同じ周波数に合わせているけど、聴き方によってはまったく違うものを聴いている感覚ってあるじゃないですか。楽しみ方は人それぞれだし、他人の楽しみ方を知らないし、そういう状況でも許されるのがラジオだと思います。しかも、一人遊びなんですけど、ラジオってそれだけに収まらず、そこから人へと広がっていくんですよね。そういう意味でも究極なんじゃないかなって。

コラム4

出待ち

深夜ラジオが生んだ独特の文化

もし私が「ラジオを聴いて人生が変わった瞬間・感動した瞬間」を聞かれたら、前項に登場した相澤遼さんがニッポン放送裏で号泣しているのを目撃した瞬間を挙げるだろう。『アルコ&ピースのオールナイトニッポン』を何度か取材したことがある立場ながら、私もこの日、一般リスナーに交じって最終回の出待ちに参加していた。真夜中、ニッポン放送の前で人目をはばからずに泣いている姿を見て、私は感情を揺さぶられた。

すでに彼とは顔見知りだった私は、アルコ&ピースがリスナーの前であいさつしようとしているのに気付き、「見ておかないと後悔するよ」などと声をかけたのを覚えている。放送終了後、明け方から始まったリスナー飲み会でも一緒になったが、「これまでいろんなリスナーがこういう思いを体験してきた」「別の好きな番組だってきっと見つかる」なんて老害じみたことを話してしまい、今は赤面するしかない。

深夜ラジオにおける出待ちは独特な文化だ。支持する対象が収録現場やイベント会場に入るのを待つのが「入り待ち」で、終了後に出てくるのを待つのが「出待ち」。芸能界やスポーツ界でよく聞く言葉で、ネガティブな意味合いで使われることが多い。宝塚歌劇団では私設ファンクラブで取り仕切って行われる慣例があるのも有名だ。

他のジャンルに比べると、深夜ラジオの出待ちはポジティブな意味合いが強い。TBSラジオや文化放送では滅多に話題にならず、あくまでも『オールナイトニッポン』限定なのだが、放送中に「先週の出待ちでこんなヤツがいて」「出待ちでこんな出来事があって」なんて話がよくされてきた。『ビートたけしのオールナイトニッポン』まで遡ると、出待ちから弟子入りを志願して、たけし軍団入りした者もおり、打ち上げ先の焼き肉屋に出待ちを連れていったという逸話まである。「出待ちによく知っているハガキ職人がいたから、一緒に飲みに行った」なんて話はほんの数年前まで実際に『オールナイトニッポン』内でされていた。

おおっぴらに奨励されているわけでも、「集まれ」と呼びかけられているわけでもない。言わばグレーゾーン。近隣に迷惑をかけられないから、歓声を上げるのは禁止。そもそも平日の深夜なのだから、その時間にニッポン放送前に行ける人間は限られている。選民意識と背徳感が生まれるからこそ、リスナーにとっては特別な行為だったのだ。特に地方リスナーは出待ちに憧れを持つようで、「今度、上京して出待ちするんですけど、深夜の有楽町で飲みませんか？」と会ったことのないリスナーから連絡をもらったことが何度かある。

特に最終回の出待ちは熱心なリスナーが集結するというのが習わしになっていた。私と相澤さんが参加した『アルコ&ピースのオールナイトニッポン』では、200〜300人のリスナーが集まり、異様な盛り上がりを見せていた。今でもこの番組のHPは残っており、最終回後にアルコ&ピースとたくさんのリスナーが記念撮影した写真を見ることができる。

2015年3月に『福山雅治のオールナイトニッポン　サタデースペシャル〝魂のラジオ〟』が終了

した際には、当時の報道によると、3000人のリスナーが集まったという。1000人超えは極端な例だが、それだけ特別なイベントなのは間違いない。

番組を何度か取材している立場ならば、手土産でも持って、番組スタッフに連絡すれば、スタジオに入れてもらい、パーソナリティにあいさつすることも可能だろう。しかし、深夜ラジオリスナーだった私には、スタジオ内よりも、ニッポン放送の裏口で最終回を迎えたいという願望がずっとあった。そのため、合計3回ほど『オールナイトニッポン』最終回の出待ちを体験し、今は大切な思い出になっている。

現在、『オールナイトニッポン』では公式に出待ち禁止が告知されている。コロナ禍を受けての措置だが、何度目かの黄金期を迎えている現在、パーソナリティの一般的な人気も高く、コロナ以前から禁止を通達している番組もあった。出待ちは確かに背徳感を楽しむ行為なのだが、禁止されているのに無理矢理行うのはただのルール違反。なくなってしまうのは惜しい文化だが、あくまでも過去の思い出話にすべきタイミングなのかもしれない。

恩田貴大

男性／31歳（1991年生まれ）／岐阜県出身／お笑いラジオアプリ『GERA』責任者

愛しすぎないからできるラジオの仕事

GERAはお笑い芸人のラジオに特化したアプリで、2023年現在、30を超す番組を展開している。『アルコ&ピース のオールナイトニッポン』が終わったことにショックを受け、〝終わらないラジオ番組〟を目指し、このGERAを立ち上げたのが恩田貴大である。大のお笑い好き、ラジオマニアだと思われがちだが、リスナー歴を掘り下げると、しっかりと聴いてきた番組はたった三つだけ。意外なほどライトなラジオ体験から、なぜ彼はGERAという前代未聞の企画を始めたのだろうか。

大学時代、初めて自発的に聴いた『集まれ昌鹿野編集部』

子供の頃にフワッとラジオに触れたのは車の中ですね。家族全員がプロ野球の中日ドラゴンズファンなんで、外食帰りに家族でCBCラジオのプロ野球中継を聴いていました。父親が好きで聴いていたんですけど、最初は「他のにしてよ」と頼んでいた記憶があります。中京圏なので、岐阜には中日ファンが多いですけど、さすがに一家でナイター中継を聴いていた家族はなかなかいないと思います。

ラジオリスナーがよく話すような「ラジカセでラジオを聴いて、電波が入らずに格闘する」なんて経験はしていません。中学時代も高校時代もまったくラジオに触れなかったですし、周りにもラジオ好きはいませんでした。

初めて自発的に「これ面白いから聴こう」と思ったのは、ラジオ関西の『集まれ昌鹿野編集部』です。声優の小野坂昌也さんと鹿野優以さんがパーソナリティで、番組CDも買って聴いていました。出会ったのは大学時代だったと思います。

高校時代からアニメは好きでした。『涼宮ハルヒの憂鬱』や『コードギアス　反逆のルルーシュ』、『マクロスF（フロンティア）』が流行っていた頃で、今ほどアニメ自体が市民権を得ていなくて、少しずつ世の中に認められ始めていた時期だったと思います。高3の時に『コード

ギアス　反逆のルルーシュR２』がやっていて、ガラケーのワンセグで録画して、授業中にこっそり見ていた記憶がありますね。

高校では野球部のキャプテンだったんですけど、野球部にもアニメ好きがいたので、平野綾さんとか、釘宮理恵さんとか、声優にも興味を持つようになっていたんです。

『昌鹿野』を知ったきっかけは、よくないことなんですがYouTubeで。関連動画に小野坂さんがブチ切れているのが切り抜かれた音源が出てきて、それを聴いて「面白い！」と。そこから実際に番組を聴くようになり、僕は大学で1年留年しているんですけど、1年から5年生の間はずっと聴いていたと思います。お笑い要素が強めのラジオとは、ここで初めて出会いました。

今でもそうですけど、テレビで直球のシモネタに触れることってあまりないじゃないですか。でも、『昌鹿野』はそういう内容だったので、「ラジオってこんなにやっちゃうんだ」という衝撃を受けました。細かい記憶は残ってないんですけど、かなり好きだったのは確かです。この前、実家に帰ったらまだ『昌鹿野』のCDがあったので、「親に聴かれたらまずいから見つからないようにしておこう」と思いました（笑）。

ただ、ラジオが好きだったというより『昌鹿野』が好きだった感覚で、そこから興味は広がらず、他の声優さんのラジオを聴くようにはなりませんでした。就職に合わせて上京したんですが、その直前に番組は終了を迎えて、最終回を聴いた記憶があります。

兄の勧めでどハマりした『アルコ&ピースのオールナイトニッポン』

今も勤めている株式会社ファンコミュニケーションズには、2015年2月にインターンとして入って、そのまま新卒として正社員になりました。この時期に聴くようになったのが『アルコ&ピースのオールナイトニッポン』（ニッポン放送）です。三つ上の兄貴から急にLINEでradikoのURLが届いて、勧められました。

地元にいた頃の兄貴はラジオを聴いてなかったんですけど、大学進学で上京して、そこでラジオリスナーと知り合い、好きになったみたいです。兄貴は特に『くりぃむしちゅーのオールナイトニッポン』にハマったみたいなんですが、「今一番面白いのは『アルコ&ピースのオールナイトニッポン』だ」と推してきて。

最初は「アルコ&ピース？　知らないなあ」というのが素直な印象でした。『昌鹿野』は好きだけど、芸人さんのラジオは触れたことがなかったですし、「えっ？　ラジオ？」とも思いました。でも、兄貴のオススメなんで試しに聴いてみたら、「こんな面白いラジオがあるのか！」と衝撃を受けましたよ。

最初にどの回を聴いたかは曖昧なんですが、その時のシチュエーションは覚えています。食器を洗いながらキッチンで聴いてみたら、バカみたいに笑ってしまいました。番組は2年目の末期で、すぐに深夜1時開始の1部から深夜3時開始の『オールナイトニッポン0（ZERO）』に移動になりました。

僕は次男なんですけど、兄貴から勧められたものはなるべく触れるようにしてきたんです。漫画を紹介されたり、それこそ就活の時は「この本を読んで対策をしてみろ」と言われたり。そういう関係が下地としてありました。僕は大学までずっと地元にいたので、就職した時に初めて一人暮らしを始めたんです。家族全員が僕のことを心配していて。「IT企業だからブラックなんだろう」と勝手に決め付けられていたんですけど（笑）。

それもあって、番組を勧めたあとに兄貴がiPodをプレゼントしてくれたんです。その中には録音した『アルコ&ピースのオールナイトニッポン』の音源が入っていたんで、すぐに聴き漁りました。

同時に『オードリーのオールナイトニッポン』も勧められたんですが、不思議とそちらはハマらなかったんです。その時は「オードリーってフリートークだけじゃん」って感じたんですよね。のちのちになって熱心に聴くことになるんですが、当時は「ラジオと言えばアルコ&ピ

ース だ！」という感じでどハマりしていたので。この時まで芸人ラジオにはそれほどハマってきませんでした。

『アルコ&ピースのオールナイトニッポン』って、Netflixで言うとシーズン7ぐらいまであるドラマに出会った感覚と同じで、一気に全部の回を聴きました。番組が終了するまでの1年間はオンタイムの回も過去回も何度も聴き続けていたと思います。なんで、同期に新卒時代の話を聞いたら、「ラジオを聴きたいからって飲み会を断ってたよね」って言われちゃいました（笑）。最後の半年ぐらいは社会人ながらリアタイしていたと思います。

聴くのは通勤時間じゃなくて、もっぱら自宅にいる時で。上京したばかりなのに東京で遊ぶわけでもなく、アルピー漬けでしたから、今考えると本当に危ないヤツでしたね（笑）。でも、メールを送って参加しようとは思わなかったです。自分には思い付かないから、ハガキ職人さんって凄いと尊敬していました。

番組が終了すると知った時は、他の皆さんもそうだったと思いますけど、「ニッポン放送おかしいだろ！」と思ってました。なんで終わらせるのか本当にわからなくて、「アルピー　終わる　理由」なんてワードをネットで検索してました。

最終回の出待ちには行かなかったので、参加すればよかったとずっと後悔しています。それでも生でラジオを聴いて。どこかで「続くんじゃないか？」と思っていたんですけど、「終わるんかい！」と感じたまま終了した気がします。そのあと、兄貴と「TBSラジオで『(アルコ&ピース）D.C.GARAGE』が始まって安心した」というやり取りをした記憶がありますね。

オードリーの武道館イベントが発端になった『GERA』の企画

番組が終了したあとはさすがに寂しくて、録音した音源を聴き続ける時期はあったんですけど、それから『オードリーのオールナイトニッポン』を改めて聴くようになって。毎週聴き続けていくうちに段々、「これを聴かないのはおかしいな」と感じるようになりました。自分が年を取ったことで、オードリーさんの悩みに共感できるようになったんですよね。それで大好きになっていき、オードリー中心のリスナー生活になっていくんです。日本武道館のイベントに行った時にはついにお二人が〝神様〟みたいになった感覚になりました。

というのも、ちょうど新規事業についてずっと悩んでいた時期だったんです。その前にやっていた新規事業は上手くいってなくて、「これはどうしたもんか」と頭を悩ませていて、何か新しいことをやらなきゃいけない状況でした。社内では「熱量の高いユーザーにどうアプローチしていくか？」ということが課題になっていたんです。

そんな時に兄貴と一緒に武道館のイベントに行き、グッズも買い、ラスタカラーのTシャツを着ているリスナーを目の当たりにしたわけですが、イベントが終わる頃には横にいた兄貴が泣いてたんです。それで「ああ、これじゃないか」という感覚に襲われて。「アルピーのラジオも凄かったよな」とか、「昔、『昌鹿野』のCDを買ったよな」とか、三つだけなんですけど、深い点と点が結びついて、お笑い芸人さんによるラジオの企画はいけるんじゃないかと思い立ったんです。

それで、イベントの翌週に会社で「芸人さんのラジオがやりたいです」と提案したら、「いいね。やってみようか」という話になり、トントン拍子で話が動き始めて。たぶん武道館で感じた熱量に引きずられて、自分の言葉で上司にプレゼンできたのが良かったんだと思います。そうして、お笑いラジオアプリ『GERA』の企画がスタートしました。

コンセプトとして掲げた「終わらないラジオ番組を作りたい」という考えは、GERA自体のアイデアが始動してから思い付いたことです。「アルピーのラジオが好きだったのに、なんで終わっちゃったんだっけ?」と改めて考えた時に、初めてそこで「絶対お金だよな」と感じて。「ああいう番組が永遠に続くためにはどうするか?」という問いを自分なりに考えるようになりました。ビジネスの視点で見た時に、「自分ができることはなんだろう?」と逆算して、GERAの構想を進めていったんです。

僕はコンテンツとしてラジオを見ていなくて、その制作現場に入り込もうという気持ちはありませんでした。あくまで新規事業というフィルターをかけて見ていたのが、今に繋がったんじゃないかと思います。

最近、ラジオの業界の人から「お前ってラジオも芸人もそこまで好きじゃないよな」と言われるんですけど、実際のところ本当に詳しい方や好きな方と比べたら、それは事実かもしれません。もちろん好きではあるんですが、今は尊敬の念が強いというか。

GERAをやっていると、ラジオにもお笑いにも詳しいって思われがちなんですけど、そんなことはなくて。もちろん毎年『M-1グランプリ』は見ていましたけど、東京のお笑いライブシーンなんてまったく知りませんでしたから。地元の大学に通っていたんで、学生芸人がいることもまったく知らず、本当に世間知らずの状態からスタートしました。

ヘビーリスナーというわけではなく、『アルコ&ピースのオールナイトニッポン』と『オードリーのオールナイトニッポン』に人生を変えられただけなので、それこそTBSラジオの『JUNK』にはあまり触れていません。『バナナマンのバナナムーンGOLD』（TBSラジオ）や『三四郎のオールナイトニッポン』をフワッとさらった時期はあったんですけど、それこそ伊集院光さんも通ってないんです。何十年もラジオを聴いてきた熱心なリスナーではないのに、人生を変えられたわけですから、それだけこの二つの番組にインパクトがありました。

ラジオの歴史みたいなものに触れてこなかったですから、今考えると、なかなか危ないですよね。ただ、振り返ってみると、ラジオの歴史を知らなかったからこそGERAを作れたんだと思います。

「ラジオ業界に入りたい」と考えていたら、今みたいにはなっていないかもしれません。番組に投稿したり、ラジオのディレクターを志していたら、GERAをやろうとは思わなかったでしょうね。

僕はGERAの責任者ですけど、コンテンツ自体にはあまり手を出していません。ハガキ職人や作家やディレクターになりたいとは思わなくて、冷静な見方かもしれませんけど、ビジネスとしてラジオに可能性があると思った部分が強かったのかもしれないです。だから、新しい番組を作りたい、面白い番組を作りたいという考えはあまりなくて、僕は枠を作りたいと思ったんです。まあ、ラジオ業界の人と話すと「君は何が面白くてGERAをやっているんだ?」って言われたりするんですけど（苦笑）。市場を知らない人が急にチャレンジしたら、なんとなく上手くいっちゃう……というよくあるパターンのままですね。

気を付けているのは〝ラジオを好きになりすぎない〟こと

GERAを始めてから、ラジオの聴き方はかなり変わりました。最初はいろんなラジオを聴いて勉強しようと思ったんですけど、「どうやって番組を作ってるんだろう？」と想像するようになったので、逆にあまり聴かなくなっちゃいました。どうしても〝聴くべき〟になり、しんどくなっちゃうんですよね。今しっかりと聴いているのは、『オードリーのオールナイトニッポン』やポッドキャスト『佐藤と若林の3600』ぐらい。オードリー関連の音声コンテンツを追いかけるのはライフワークになっていますね。面白い回があったら兄貴にLINEするキモい兄弟関係は続いています。

GERAの番組も最初は全部聴いてましたけど、途中で無理だなってなりました。僕が聴いて、気になったことをスタッフに言うのもよくないですし、それが我慢できないなら、聴かないほうがいいんだろうなって。今は気になる番組をいくつかチェックするぐらいです。家で聴くのではなくて、あくまでも仕事の時間に仕事として割り切って聴くことが多いですね。今は地上波のラジオよりも、ポッドキャストを勉強しようという気持ちのほうが強いです。

〝好き〟って仕事だと弱みになっちゃうじゃないですか。もう惚れちゃっているんで、それを前提にビジネスの話をするのはあまりよろしくないと思うんです。特に今の僕の立場だと、好きにならないというのが重要なんで、ラジオを好きになりすぎないようにしないといけない。そう考えると、因果な商売ですね。番組を好きになるのは、ディレクター陣やプロデューサー陣に任せています。

ただ、ＧＥＲＡでモダンタイムスさんがやっている番組（『モダンタイムスの家なしブサイクラジオ』）にアルコ＆ピースさんがゲスト出演した時は、やっぱりウワーッとなっちゃって……一人のリスナーに戻ってしまいました（笑）。番組内でＧＥＲＡを立ち上げたきっかけがアルピーさんだって話になり、平子さんが「恩田君、写真撮ってあげるよ」と言ってくださったので、一緒に写真も撮らせてもらいました。

嬉しかったんですけど、同時に「これを最後にしないといけない」と思いました。立場を利用してというのはよくないですし、こういう時に気持ちがだいぶ出ちゃうので、気をつけないといけないなって。うちは放送局とは違ってＩＴ会社なので数字で判断しますから、好きな気持ちが前に出ちゃうと板挟みになるんです。そこは好きを薄めていかないと正しく判断できませんから。あの時に僕のＧＥＲＡでの第１章は終わった気がします。

ラジオとポッドキャストは今でも好きなので、今後も自分が聴く番組は探していくし、そこからハマることもあるんでしょう。ただ、自分の仕事とまったく関係ないところで探さないといけないとは思っています。

◎私が思うラジオの魅力

小さいメディアならではの距離感

皆さん言っていると思うんですけど、ラジオの距離感ですよね。自分に話しかけてくれて、友達になったように感じる。そこはラジオの魅力だと思います。それこそパーソナリティは親戚のお兄ちゃんぐらいに思っちゃいますよね。

逆に言うと、仕事として関わった場合はその距離感がプラスになるとは限らないんですけど。パーソナリティと初めてお会いしても、向こうはまったくこっちを知らないのに、リスナーとして「あなたってこうですよね」と判断してしまうので、そこは難しい部分です。

あと、投稿やTwitterのつぶやきも含めて番組作りの一端を担えるところも魅力じゃないかと。小さいメディアでもあるので、自分が関わっている感、参加している感は持ちやすいと思います。「ラジオは双方向性だからいい」とは聞いていましたけど、自分もスタッフ側に回ってみて、その喜びはとんでもないものなんだなって思いました。ラジオにはそういう文化がずっとありますよね。

◎ラジオを聴いて人生が変わった瞬間・感動した瞬間

人生で一番笑った「アルピ島」

『アルコ&ピースのオールナイトニッポン』で放送した「アルピ島」の回（2014年5月23日、5月30日放送）を聴いた時です。番組にどハマりした直後に、iPodに入っていた音源で後追いしたんですけど、本当に笑ってしまって。一人で腹を抱えて笑った経験って初めてだったんですよ。人生で一番笑ったのがこの2週にわたる放送で、ラジオって面白いなあって実感しました。

無人島を「アルピ島」と名付け、リスナーはすでに上陸しているという設定で、1週目はリスナーから現地調査の結果をメールで集めてました。電話も繋いだんですけど、緩い内容しか来なくて。平子さんが刺激的なメールを求めていたので、リスナーを煽っていたら、「嘘を書けって言ってるの？　みんなで楽しくやっているのに、なんでそんなことを言うの」なんてメールが来て、「だから男子って嫌い。平子さんのバカ」って。それが読まれた瞬間、爆笑したのは覚えてます。「なんじゃこれ！」って（笑）。

深夜ラジオの直球が自分にぶっ刺さったみたいな感じ。ワクチン打ってないままラジオ病にかかっちゃったみたいな感覚で、それから相当熱が出ましたね。いまだにこの番組は、たまに聴くと爆笑しちゃいます。生活に浸透していくほどの面白さでした。

◎特にハマった番組

ポッドキャストなら『囲碁将棋の情熱スリーポイント』

ここまで話してきたように『アルコ&ピースのオールナイトニッポン』と『オードリーのオールナイトニッポン』なんですけど、ポッドキャストで言うと、GERAの番組なので挙げるのはちょっと恥ずかしいですが、『囲碁将棋の情熱スリーポイント』です。

この番組は立ち上げからノータッチだったんです。頼もしいプロデューサーもついているので、あくまでリスナーとして聴かせてもらってます。関わりとしては、最初に「よろしくお願いします」ってごあいさつさせてもらったぐらいで。GERAにとっては初の吉本所属の芸人さんによる番組なんです。囲碁将棋のお二人もGERAに協力的です。

『アルコ&ピースのオールナイトニッポン』と共通する部分なんですけど、リスナーが一番輝いているのがこの番組の魅力なんですよね。リスナーが主語の番組なんですけど、囲碁将棋さんも負けずに面白く、その間にバチバチ感があって、そこのバランスが面白いなと。囲碁将棋さんは『M－1グランプリ』からも卒業されて、円熟されてきているじゃないですか。皆さんから好かれている囲碁将棋さんにこういう番組をやっていただけるのはありがたいですし、リスナーとしても毎回楽しみにしています。

◎印象に残る個人的な神回

アルピー酒井健太が喪主をしたことを振り返った回

『アルコ&ピース　D.C.GARAGE』で97歳のお祖母さんが亡くなったことを酒井（健太）さんが話された回（２０２０年2月18日放送）です。悲しんでいるけど、笑って送り出したという内容だったんですけど、ある意味、ラジオってそういうところがあるじゃないですか。自分のことを喋るし、でも面白くするし。身内が亡くなったことって私事の極みだけれど、それを笑いながら話しているのを聴いて、すでにＧＥＲＡは始まっていたんですけど、「これは真似できないなあ」と感じました。

酒井さんが喪主をされたことを振り返っていたんですけど、最後はお棺の中に子供の字で書かれた「天国に行ってもガンバ」という手紙があったという話で笑って終わったんですよね。酒井さんはよくご家族の話をされていますけど、一冊の小説を読んだ感じと言ったら安っぽくなってしまいますが、この時は泣けて笑えて、一番感動した回でした。

◎ラジオを聴いて学んだこと・変わったこと

人生の先輩による人生の話

フリートークで若林（正恭）さんが語られる考え方は、自分にインストールされちゃいますね。若林さんがいかに時代に合わせようとしているのか。いかに学んでいるのか。まるで上司の話を聴いているみたいで、凄く楽しいです。人生の先輩による人生の話をリアルタイムで聴いている感じです。

結婚された時に「結婚して3年は修行期間」と言っていたこととか、「オジサンは怖いからニコニコしなきゃいけないよね」という言葉とか、そういう話ってサラリーマンの処世術にも繋がるんです。31歳になった自分がこれから必要になっていくことは全部若林さんのフリートークから学んでいます。

若林さんはお子さんもいらっしゃいますけど、僕も結婚はしているんですがまだ子供がいなくて、子供が生まれるとこうなるのかと。今後自分が経験するであろうことを先に経験されているので、教科書を聴いている、そんな感覚になります。自分のことをちゃんと話してくれるから、そう思えるんですよね。ここ数年はコロナ禍で飲み会なんかもなくなり、様々な垣根ができてしまいましたけど、若林さんのフリートークだけはずっとあった。面白いのが前提ですけど、学びがあるから聴いているんだと思います。

◎私にとってラジオとは○○である

私にとってラジオとは「コミュニケーションの元」である

パッと思い浮かんだのは「私にとってラジオとは仕事である」なんですけど、それはさすがに……（苦笑）。今まで喋ってきたことを踏まえると、「コミュニケーションの元」でしょうか。若林さんのフリートークのように、ラジオを聴いてコミュニケーションを学ぶという意味でもそうですし、ラジオをきっかけにたくさんの人に出会えたという部分でもそうですし、ラジオを好きになったことでコミュニケーションが広がってきたので。

なんでラジオを聴くかと言ったら、コミュニケーションのために聴いているんだと思います。兄貴と今でも仲が良いんですけど、兄貴と話をする前提でラジオを聴いているところがあるし、「この話は面白かったから会社でも話そう」と考えることもあって。会社名も「ファンコミュニケーションズ」ですから（笑）。

コラム5

音声メディアの隆盛

揺らぐ「ラジオ」の定義

恩田貴大さんは『アルコ&ピースのオールナイトニッポン』（ニッポン放送）の終了を受けて「終わらないラジオ番組を作りたい」と思い、GERAを立ち上げた。この番組が終了したのは2016年3月のこと。当時はお笑い芸人から「ラジオをやりたいけれど、やる場所がない」という声がよく聞かれた。しかし、それも今は昔。ここ数年で音声メディアの状況は一変した。

コロナ禍でYouTubeに本腰を入れる芸人が増え、YouTubeでのラジオ配信が増えた。また、ポッドキャストの再ブームが起きて、芸人による番組が増加。音声配信・動画配信アプリも多数生まれた。今は芸人に限らず、「形を問わなければ、ラジオっぽいことがすぐにできる」という状況にある。

特にここで触れておきたいのがポッドキャストの再ブームだ。物凄く簡単に説明すると、ポッドキャストはインターネットを使って音声データを配信する仕組みを意味する。日本でも2000年代中盤に注目を集め、ラジオ局も積極的に展開。番組のアーカイブやアフタートークを配信していた。ペリークロフネさんのように、ポッドキャストからラジオにハマったリスナーも多くいる。特にTBSラジオは力を入れていた。だが、radikoの誕生によって、注目度が薄れ、収益化も難しくなり、2016年にTBSラジオがポッドキャストから撤退。日本ではポッドキャストが過去の遺物になりつつあった。

しかし、アメリカでは近年爆発的なブームを迎えている。1億ドルを超える契約を結んだポッドキャスターが生まれ、スティーブン・スピルバーグ監督がポッドキャストの番組を映画化するという報道まであった。市場の広がりに合わせて、年々広告収入も上がっている。

海外でのポッドキャストブームを受けて、日本でも再び注目が集まっている。現在、各局ポッドキャスト配信に力を入れており、番組のアーカイブのみならず、独自コンテンツも積極的に制作。『オールナイトニッポン』のアーカイブも配信されて人気を博している。

ポッドキャストなどの音声コンテンツとラジオに違いはあるのか、という議論は当然ある。ラジオは放送法という法律に基づいて、電波を介して放送されている。他の音声コンテンツとは意味合いが違うのは当たり前で、スタッフからはその矜持が語られることも少なくない。一人のリスナーとしては「ラジオだからこそ」という思い入れもある。

ただ、同時に「面白ければ何でもいいんじゃないか」という気持ちがあるのもまた事実。ラジオと同時に動画配信している番組も多く、各コンテンツの線引きが曖昧になっている。今やリスナーでも気軽に番組を配信できる状況で、パーソナリティとリスナーの境界線すらなくなりつつある。

元ラジオ大阪東京支社長で、現在も声優ラジオの制作現場に関わり続けている兼田健一郎さんを以前取材した時、こんな話をしてくれた。「『ラジオはどうなりますか？』と問われたら、おそらくラジオっていう言葉のみが残っていくと思います。（中略）ラジオメゾッドは残っていくので。電波ではない。映像も付く。イベントもある。でも、2WAYでメールを読んでというフォーマットがラジオなんだという。スピリッツとしてのラジオはますます繁盛しますよ」。一人のリスナーとしては「やっぱりラジオがいいんだよ」と変わらずアピールしつつも、今の状況をポジティブに捉えて楽しみたい。

林冴香

女性／29歳（1994年生まれ）／東京都出身／ラジオリスナー研究家

リスナー58人を取材した研究家の軽やかなラジオ生活

林冴香の名刺には「ラジオリスナー研究家」と刻まれている。大学院ではラジオを研究テーマにし、2020年にはハガキ職人58人を取材した『ラジびと〜ラジオのある生活〜VOL.1』を刊行。現在は第2号を制作している。ここまで聞くと、ただならぬ愛情を持って長年ラジオを聴いてきたヘビーリスナーのように思えるが、実際の彼女はもっと軽やかだ。前のめりにならず、距離を取って、フラットに。そんなラジオの楽しみ方があってもいい。

『ハライチのターン！』でハマった芸人ラジオ

もともと母がラジオ好きでした。我が家は建築関連の仕事をしているんですが、母は働きながらパソコンでradikoを聴いていたり、車の中でカーラジオを聴いていたりして、周りでJ-WAVEなどがよく流れていました。それをさりげなく一緒に聴いていたのがラジオとの出会いです。自然とラジオが周りにあった感じでした。

私自身のラジオ歴はそんなに長くないんです。大学を卒業してからなんですね。2017年に大学を卒業して、新卒としてデザイン系の会社に就職したんです。社長の考え方が合わなくて、結局、3ヶ月で辞めたんですけど……（苦笑）。仕事自体は好きだったんですが、そのまま会社にいても先が見えないと思ってしまって。決断するまでは悩みましたけど、私自身、落ち込むタイプではないので、逆にすぐ切り替えられてよかったなと思います。

その会社でも朝はJ-WAVEが流れていました。デザイン会社ではJ-WAVEが流れていることが多いのって〝あるある〟ですよね。仲の良い友達は別のデザイン会社で働いていたんですけど、なんとなくその子に「会社でいつもJ-WAVEが流れていてさ」って話したんです。そうしたら、「私の会社でもJ-WAVEが流れてる！」って反応されて。友達と共有できたという部分もあって、それから休みの日にも何気なく自分でradikoを聴くようになっていました。

退職後、SNSで知り合った人とメッセージのやり取りをしていたら、その相手がお笑い好きで、「お笑いの深夜ラジオが面白いよ」って勧められたんです。それで最初に『ハライチのターン！』（TBSラジオ）を聴いたんですよね。

初めて聴いた時、芸人さんのラジオってこんなに物語が展開されるんだなって驚きがありました。J-WAVEは音楽や情報が中心でしたけど、違う世界を知った感覚になりました。「普段から漫才やコントをやっている芸人さんたちがラジオで話すと、こういうテンポ感になるんだなあ」って。冒頭の「今週の猫ちゃんニュース」のコーナーにはびっくりしましたが、うちでも猫を5匹飼っていて、私も猫好きなので、抵抗なく入り込めたような気がします。

もともとお笑い好きでしたが、特にハライチが好きだったわけではなく、よくテレビで見ている人という印象でした。私もどちらかというと「毒を吐くよね」って言われるタイプなんですけど、岩井（勇気）さんのちょっとトゲのある言い方には共感するというか、そのツボみたいなところが面白くて。澤部（佑）さんに強く言うじゃないですか。そんな2人の関係性も好きになりました。

ハライチから始まって、横並びで放送されていたTBSラジオの『アルコ&ピース　D.C.GARAGE』や『うしろシティ　星のギガボディ』も聴くようになりました。さっき話した友達にも「ハライチが面白いから聴いて」ってオススメして、「この回、面白かったよね」なんて共有もするようになって。面白いという衝撃が強かった最初の頃は、その友達と一緒にイヤフォンをしてラジオを聴きながらご飯を食べたりしていました。それで急にメッチャ笑うみたいな。

ラジオ友達と『沈黙の金曜日』スタジオ観覧

仕事を辞めてから、また勉強したいと考えるようになりました。中学からエスカレーター式で大学に入ったんですけど、本が、特に紙の匂いや手触りが好きだったんです。デザイナーや編集者になりたいとか、具体的な夢があったわけじゃないんですけど、漠然とデザイン系の学部に進みました。そこで本や雑誌の企画・編集から始まり、デザインや撮影にも関わって、印刷所に入稿するまでの流れを勉強していたんです。大学の卒業研究では象形文字を扱った写真集を制作し、学長賞をいただくことができましたが、それは写真がメインだったので、文章を中心とした本に憧れを持ったまま卒業となりました。

その憧れが残っていたし、単純に学校が好きで、先生とも仲が良かったので、改めて大学院に行きたいと考えるようになって。親も賛成してくれたので、家族が経営する建築関連の会社でバイトしながら勉強し、2018年の春から大学院に通い始めました。

その年の夏に、偶然、ハガキ職人の方と知り合ったんですよ。居酒屋でたまたま隣の席にいた4人組と話すことになり、どういう流れでそんな会話になったか覚えてないんですが、「最近うちら、ハライチやアルコ&ピースのラジオにハマってるんですよ」ってなんとなく言ったんです。そうしたら、「実はハガキ職人なんだよ」って。しかも、知っているラジオネームの方でした。これって奇跡的な出会いですよね。

そこでテンションが爆上がりして、いったん別れたんですけど、例の友達と「もっとラジオの話がしたいよね」となったんです。LINEを交換していたのですぐに連絡して、そこからルノアールでずっと話し込みました。私たちは3人で、もう一人の女友達はラジオに全然興味なかったんですけど、「こんなラジオの話をするチャンスはないからごめん」って謝って付き合ってもらいました。

そこから私の中で世界が広がったんです。アルコ&ピースがパーソナリティをしている『沈黙の金曜日』(FM FUJI)の観覧が代々木のスタジオでできると教えてもらって、飲んだ人たちと定期的に代々木で会うようになって。そこでみんなと喋り、ご飯にも行くようになりました。世代も近かったので、ラジオを通じて新しい友達ができた感覚でしたね。観覧は想像以上に若い人たち中心で、人数も多かったので、ラジオって面白い世界だなと改めて感じました。

その年の10月に地元のTSUTAYAが閉店になったこともラジオ生活に影響を与えました。高校時代からそこでDVDを借りて、映画やドラマを見るのが好きだったんです。時間があったら、レンタルしなくてもお店に行って、DVDのパッケージのデザインや文言を見ていました。今でも店員さんの顔が浮かぶぐらいなので、閉店はメチャクチャショックで。その場で見て選ぶアナログ的な感じが好きだったから、すぐにサブスクで映画を見ようという気にはならず、時間がポッカリと空いて、代わりにラジオを聴くようになりました。この頃には『オールナイトニッポン』（ニッポン放送）もちょこちょこ聴いていたと思います。

大学院の修論で深夜ラジオリスナー58人に取材

大学院の1年目は、ラジオなどのメディア以外にもアナログ的に手書きで思いを伝える魅力から『万葉集』、また縄文時代の文様や色彩などいろんなことに興味があり、研究テーマについて、ちょっとフワフワしていたんです。そんな時にちょうどラジオにハマり、リスナーとも仲良くなっていたので、「ラジオで何かできないかな？」という気持ちになりました。残り1年間しかないんだったら、自分の好きなことをしようと、思いきってラジオを研究テーマにすることにしました。

ラジオをテーマにするにしても、何を切り口にするか。最初はパーソナリティやラジオの歴史を掘り下げようかと思って、それこそ村上さんの本も読ませていただきました。どういうラジオ本が出ているのか、リサーチしてみたら、ハガキ職人をメインで取り上げているものってなかったんです。今でこそ雑誌でラジオを取り上げる時は職人さんも取材していますけど、当時はほとんどなくて。私だったら何ができるかを考えた時、近くに知り合いのハガキ職人がいて、直接いろいろと教えてもらえるし、私自身、人と会って話すのも好きなので、ハガキ職人だけに絞って研究するのもいいんじゃないかという結論に至りました。

そこから研究を始めて、大学院の修論制作として作ったのが『ラジびと』という本です。ハガキ職人さんを中心に深夜ラジオリスナー58人を取材したインタビュー本です。ラジオを好きな人が本棚に置いて、気になるラジオネームがあったらプロ野球の選手名鑑みたいに手に取ってもらえるような楽しいものが作りたくて。単純にそれだけの思いで制作しました。

喫茶店で一人ひとりお会いして取材したんですけど、皆さん好きなものだからこそ伝えたいことがたくさんあるのか、本当にいろんな話をしてくれました。ラジオとは関係ない話もたくさんしたので、想定していた1時間で収まらず、3時間近くになる方もいましたね。

その人がどうやってラジオと接してきたか？　ラジオを踏まえて、どう成長してきたか？　そういうところを重点的に聞きました。普段はこういう性格だけど、ラジオ上ではこういうキャラクターで、その周りにいる友達との関係性とか、映画や漫画、音楽の趣味とか、いろんな角度から話を聞くと、同じ回答がないんです。それぞれ自分の中にラジオへの思いがあるので、話を聞いていて毎回楽しかったですね。

私自身は投稿をしたことがありません。私なんかがという思いもあるし、単純に面白いことが思い付かないし、聴いているだけでいいやという思いもあって、送らずに来ました。だからこそ、投稿を続けられる活力って凄いなって感じます。なかなか一つのことに対してそこまでできないじゃないですか。私はどちらかというと、いろんなものに興味があって、その時にハマったものに突き進むタイプなので、余計に尊敬しちゃいますね。

3年が経って、2号目を作ることにしたので、最近は改めて職人さんと会って話を聞いているんですが、環境が変わった方も結構いるんです。「当時は熱中して投稿していたけど、今はそこまで熱くなくなった。でも、フリートークを自然に楽しめるようになった」なんて方もいて、皆さんラジオと共に変化して、成長しているんだなって。ラジオ歴と自分の人生が重なっているんですよね。久しぶりに会った方が大学を卒業していて、成長している感じがしたんですよ。お姉さんみたいな気分にもなりました。

皆さんまったくの他人じゃないけど、友達まではいかない。でも、久々に会ってもそんなに遠い感じじゃなくて、「お久しぶりです」となる。不思議な距離感なんです。最初に出会った仲間から派生して、みんなでご飯に行ったり、イベントに行ったり、そういう人脈も広がっていて。本当にラジオを研究のテーマにしてよかったなと思っています。

『ラジびと』の制作は単純に好きでやっている感じで、私自身はどうなりたいとか、大きな夢があるわけじゃないんですよ。今は実家の建築関連の仕事をしつつ、大学のTA（ティーチングアシスタント）やメディアに関連した科目の特別講師として授業をすることもあります。それと同時に本の制作もしています。

いざラジオを研究することになった時、自分が聴いている5、6番組でどの職人さんのメールが読まれているか毎回メモして、エクセルにまとめていました。どの人がどれぐらい読まれていて、この人が出たら説得力が出るとか、この人なら企画として入れてもいいかもとか、客観的に考えていたんです。それをやり始めてから、そればかり考えるようになり、最初にハマった時とは違ってラジオを純粋に楽しめなくなったところがあって。よくハガキ職人が投稿に熱中しすぎて、楽しめなくなった、みたいな話をするじゃないですか。この感覚なのかなって、ちょっと思いました。

大学院時代は通学時間が往復2、3時間あって、その時にラジオを聴いていたんですが、今は実家の仕事がメインなので通勤時間がほとんどないんです。しかも母と一緒に出勤しているので、単純に聴く時間がなくなってしまいました。当初はラジオを聴ける状況なら聴きながら仕事をしていたんですけど、その中途半端さが嫌で、以前よりも聴かなくなっているところがあります。

夜に聴く時もありますが、『ラジびと』を作っている頃に比べたら圧倒的に減りましたね。今はハライチやアルピー、佐久間（宣行）さんの番組を聴きたい時に聴く。面白いと知り合いから聞いた回は聴く、みたいな感じで。そんなに重荷にならないようにしています。映画やドラマも好きなので、その時にハマっているものを単純に楽しもうと。ただ、今は『ラジびと2』を作っているので、そうはいかないなって気持ちと葛藤しています。

◎私が思うラジオの魅力

その人をより近くに感じられるメディア

私もよくこの質問をいろんな職人さんにしてきたんですよね。「ながらで聴ける」とか、「いつでもどこでも聴ける」という答えの人が多かったように思います。あとは「距離が近い」とか。

私としては、聴いて世界が広がるものだと思っています。想像力はそれぞれ人によって違いますが、ここにはいるんですけど、別世界に行って楽しんでいるみたいな感覚です。

映画やドラマが見られなくなって、その代わりに聴き始めた趣味の一つなんですけど、気付いたら生活の中に入り込んでいるので、なかったらなかったで寂しいんですよね。現実では人と直接会わないと話はできないけれど、ラジオなら人の会話が聴ける。会ってないのに、自分に向けた話を聴いている感覚にもなるから、心が潤うというか、満たされる感じになるんです。

情報を知るという側面もありますが、その人の経験や考え方にも触れられるから、良いメディアだなって思います。映像だったら目で見て受け入れることがほとんどだけど、ラジオは耳だけだからこそ、息遣いまで伝わってきて、その人をより近くに感じられる。会ったことはなくても、なんとなく知っている存在になる。そこは他のメディアと違うから、面白いなと思います。

私自身、言葉にするのはそんなに得意じゃないので、誰かにラジオの魅力を伝えるとしたら、ぶっちゃけシンプルに「とにかく聴いてみて」と言うのが一番だと思うんですよね。好きな俳優でもアイドルでもいいし、自分の興味がある人がラジオをやっているなら、1回聴いてみてほしいです。「ラジオって面白いから絶対聴いて！」と押しつけるんじゃなく、「テレビのイメージがあったとしても、ラジオはもっと内面まで知ることができるから、もっと好きになれるんじゃない？」って勧める感覚です。

◎ラジオを聴いて人生が変わった瞬間・感動した瞬間

ラジオを聴いて、生活に少し色がついた

ラジオと出会って、ハガキ職人さんとも出会って、繋がりができた。そこからインタビューをして本を出せるところまでいった。ラジオがなかったら絶対にやってなかったと思うんです。『沈黙の金曜日』の観覧に行かなかったら、ハガキ職人さんに興味が湧かなかったでしょうし、普通にメディアとしてラジオを楽しむだけで終わっていたでしょうから。そういう意味では、ハガキ職人さんたちとの出会いは私の人生を変えてくれたところがありますね。

ただ、ハガキ職人さんにはラジオを聴いてどこかに行ったとか、言葉遣いまで影響を受けたとか、そういう話って多いじゃないですか。私はあんまりそういうのがないんです。淡々と聴いて楽しんでいるだけで。ちょっと気になるところがあったら調べるぐらいで、結構醒めている部分があるんですよ。番組が終わる発表を耳にしても、自分は案外平気で、「ハガキ職人の人たちはショックを受けてないかな?」ってそっちを考えちゃうんですよね。

だから、ラジオを聴くこと自体で何かが変わったかと言われると、特に変化はありません。生活の中にラジオが入ってきて、少し色がついた感じ。でも、自分が社会人として成長していく過程で、ラジオがあったからいろんな人と出会えた。本も出せたし、大学での仕事にも繋が

ったので、ラジオを聴いてなかったら、今頃は何をしていたんだろうなと考える時はあります。ラジオにハマったのは大学を卒業してからなので、自分というものができてから出会っているんです。思春期にハマっていたら、もっと強く影響を受けて、前のめりになっていたかもしれませんが、私の場合はラジオに振り回される部分はないです。フラットな向き合い方をしていますね。

ラジオ以外のカルチャーも同じようなスタンスだと思います。韓流ドラマにハマったら、韓国にも行きましたし、韓国語も勉強しましたけど、一つのことだけをずっと追い続けるタイプではないので。淡々と楽しんで、フラットに見ているからこそ、『ラジびと』も作れているんだと思います。私自身が変に感情が乗って、「この人はこうだ」「この番組はこうだ」という強い思いがあったら、できなかったんじゃないかなって。何事もそういうところがあるかもしれません。

◎特にハマった番組

『アルコ&ピース　D.C.GARAGE』と『ハライチのターン！』

今でも『アルコ&ピース　D.C.GARAGE』と『ハライチのターン！』は聴けたら聴こうと思っている番組の中では上位にいます。ここからラジオにハマったところがあるので、思い出深い番組ですね。アルピーにハマったのは『D.C.GARAGE』からだったんですけど、あとから『オールナイトニッポン』も友人から音源を借りて聴きました。

私は「好きなものは好き」という人間なんで、「この人のここがこうだから好き」という理由がハッキリしているわけじゃなく、単純に面白いから好きなんです。自分が最初に出会った番組という要素が乗っかっているから、余計に良く見えるというのはあると思うんですけど。

アルピーには他のパーソナリティにはない世界観がありますよね。急にコントが始まることもあるし、一つ設定があったら、それだけで1時間ができるんじゃないかなって。皆さんがよく言いますけど、映画を見ているみたいというか。非日常の感じもしつつ、ちゃんと日常のリアル感もある面白さ。まったくわけがわからない話で終わる時もあれば、現実的な話やお二人の成長過程も知ることができるから嬉しいです。

ハライチでいうと、岩井さんも澤部さんもフリートークが好きですね。岩井さんの嘘っぽい話も、嘘だってわかるけど、聴いていて絵が想像できるんです。「今回はなんの話をするのかな?」という楽しさもありますし、ハライチは自分の中で安定的に聴けます。

『オールナイトニッポン』はその時にブームになっている人、今の人を起用するじゃないですか。パーソナリティはエピソードトークをするけれど、自分のやっている作品に関連する人を呼んだりして、キッチリしている印象なんです。でも、TBSラジオのアルピーやハライチはそういう繋がりが関わってくることはあまりなくて、ストレスなくその人の話を聴けるのがいいですよね。

◎印象に残る個人的な神回
『D.C.GARAGE』ボイパ&キノコ　チャンピオン王決定戦

印象に残っているのは『アルコ&ピース　D.C.GARAGE』の「ボイパ&キノコ　チャンピオン王決定戦」（２０１7年12月12日放送）です。

リスナーから音声でボイパ（ボイスパーカッション）を募集していたんですけど、当時はラジオにハマったばかりだったので、内容がどうこうというよりも、シモネタやわけのわからないこと、くだらないことをリスナーがボイパにまとめ、部屋で録音して、それを番組に送ってくる行為自体が面白いなって思ったんです。ラジオを聴いて、初めて涙を流すぐらい笑った回でした。すぐにラジオ好きの友達に連絡しましたし、そこだけを何回も聴いていました。

何人かの音声が放送されたんですけど、みんなリズム感や言葉遣いや声も違うし、そこにも面白さがあって。優勝したラジオネーム・ゲスの極み福くんさんにものちに会うことができたので、それも印象に残っています。

◎ラジオを聴いて学んだこと・変わったこと

動かなくても新しいことに出会える

新しい芸人さんやカルチャー系の文化人を知れたり、「ここの店が美味しい」という情報を手に入れたり、ラジオを聴くようになってから、新しいことを知る機会が増えたように思います。その時はメモするんですが、結局何を話していたか忘れちゃうし、実際にお店には滅多に行かないんですけどね（笑）。

好きなものなら自分から情報を取り入れようとするじゃないですか。でも、ラジオは自分から動かなくても、番組を流していたら新しいことに出会えるんです。しかも、それを誰かに伝えたくなる。距離が近く感じているパーソナリティが話しているから、「その人が言っているなら確実じゃん」というのが1個乗るじゃないですか。そこに説得力が出てくるんですよね。

◎私にとってラジオとは○○である

私にとってラジオとは「生活の一部」である

本当に普通の答えですけど、まさに「生活の一部」って感じですかね。ラジオがなかったら、今の私はない。でも、だからといって、家族や友達にたとえる存在ではないし、一定の距離もある。そこまで重い意味はないけれど、生活を潤してくれるものとして、自分の人生に途中から入ってきた感じです。

今後も今のようなスタンスでラジオは聴いていくと思います。たぶん聴かなくなることはないでしょうね。私はもともとそんなに音楽を聴くタイプではなくて、イヤフォンしながら出歩くことなんてなかったんですね。でも、ラジオを好きになって、それに抵抗がなくなり、普段から聴きたい時に聴くようになった。年を取っても普通に聴きたい時に聴いて楽しむだけです。もっとハマったら、あの番組もこの番組も全部聴きたいってなっちゃうんでしょうけど、そうなるとラジオに振り回されちゃうじゃないですか。ラジオと同じように映画もドラマも好きで、テレビも見たいし、タイなどアジアのエンタメにも興味があって多くの趣味が生活の中にあり、いっぱいいっぱいになりすぎると義務的な感じがして結局楽しめなくなっちゃうんですよね。

今は「自分の好きなものを好きなだけ楽しむ」という雰囲気が世の中にあるじゃないですか。昔のように流行りだけを追いかけたりしない、みたいな。ラジオも番組が増えているけど、自分の好きなように好きな時に聴くのが楽しさでもあるから、そこが義務的になったら違うのかなって。だから、これからも程よい距離感でいたいなと思います。

コラム6

ハガキ職人

常連投稿者たちの様々なあり方

林冴香さんの著書『ラジびと～ラジオのある生活～』では、リスナーの中でも特にハガキ職人（元を含む）を意欲的に取材している。今回の本で取材したリスナーの中にもハガキ職人と周りから認識されている方が何人もいる。

ラジオを聴いていない人は「ハガキ職人」（「メール職人」と言われる場合もある）という言葉に引っかかりを感じるかもしれない。ラジオの常連投稿者を指す言葉だが、名乗るために試験があるわけでも、ラジオ業界が認定した資格があるわけでもなく、あくまでも自己申告。とても曖昧な存在だ。ただ、一応言葉が生まれた経緯はある。

「ハガキ職人」は『ビートたけしのオールナイトニッポン』（ニッポン放送）から生まれた呼び方というのが通説。常連投稿者だったラジオネーム・道上ゆきえさんが作った言葉とされている。のちに構成作家になった同番組の常連投稿者、ラジオネーム・小泉せつ子さんは同時期に「ハガキ作家」を名乗っていた。90年発売の専門誌『ラジオパラダイス』最終号に掲載された手記から引用すると、小泉さんは職人を「学んだ技術を忠実に模倣し、伝統を守る人々」と定義し、「たとえ一枚でも創造した『作品』と考えているから、『作家』と思っています」と綴っている。

「職人」や「作家」という言葉からは、名乗り始めた彼らのプライドが垣間見える。投稿者は番組の重要な部分を担う作り手でもある。いまだに語り継がれる伝説的な『ビートたけしのオールナイトニッポン』だからこそ生まれた言葉だろう。

リスナーと同じように、ハガキ職人も細かく話を掘り下げていくと、それぞれのニュアンスは違う。気楽な気持ちで番組に参加したい人、ただの暇つぶしの人、その先に構成作家という職業を見ている人、パーソナリティに認知されたい人、自己顕示欲をこじらせている人など投稿している理由は様々だ。採用倍率が高いお笑い芸人の番組に生活のすべてを捧げて送っている場合もあるし、好きなアイドルや声優だけにピンポイントに送る、採用されたいから倍率の低い番組を狙って送る、などスタイルも違う。今はリスナーのスタイルが多様化しているぶん、その幅も年々広がっている。

SNSの誕生により、ハガキ職人が〝可視化〟されているのも面白い現象だ。ある意味、ラジオ業界限定のインフルエンサーとも言えるが、一切SNSに触れずに送り続けている職人も当然いる。

ちなみに私がラジオ番組で投稿を採用されたのは、学生時代にとあるアーティストの番組でふつおた……つまり〝普通のお便り〟を紹介されただけ。たった一度しかない。ラジオ本を作るにあたって、投稿経験があったほうがいいと思い、『バカリズムのオールナイトニッポン』に1ヶ月間だけメールを送ったこともあったが、一切採用されなかった。

いざ送り始めると、番組を聴く理由が「自分のメールが採用されるかどうか」中心になってしまい、まったく番組の内容が頭に入ってこず、フリートークすら楽しめなかった。ラジオの意味合いがまったく変わってしまい、精神的にもきつかった。「ラジオは投稿するもんじゃない。聴くもんだな」と一人納得して、聴く専門の〝サイレントリスナー〟で一生いようと決意した。もちろん私の感覚がすべての人に当てはまるわけではないだろうけれど。

そんなきつい思いをして、いざ採用されたところで、謝礼がもらえるわけでも、世の中から称賛されるわけでもない。申し訳ない程度に番組のノベルティグッズが送られてくるだけだ。「その情熱を他のことに向ければいいのでは？」なんて感じる方もいるだろうが、それでも送りたくなるだけの快感があるはず。実際にどんな思いで投稿しているのかは、この本で取材しているハガキ職人の証言を読んでいただきたい。

ただの〝サイレントリスナー〟である私としては、改めていつも番組を盛り上げてくれるハガキ職人の方々に惜しみない拍手を送りたい。

ラジオネーム

たかちゃん〝アブラゲドン〟石油王

男性／51歳（1971年生まれ）／神奈川県出身

30年以上の投稿が、生活にもたらしたこと

ラジオとの関わり方は十人十色。自分なりのペースでスマートに付き合うのもいいし、短期間だけハマって離れる人がいてもいい。反対に何十年も過剰なほど聴き続けている人がいたっていいはず。私が知る限り、たかちゃん〝アブラゲドン〟石油王は最もラジオにのめり込んでいるリスナーの一人である。文化放送中心で、その偏愛ぶりは現在の社長にも認識されているほど。だが、本人曰く実は愛情過多ではなくて、「ただ楽しいから」聴き続けてきたのだという――。

コサキンきっかけでラジオ好きに

家にラジオが置いてあって、たまたまつけたら『決定!全日本歌謡選抜』(文化放送)が聴こえてきたのが最初だと思います。あとは当時のFM東京(現TOKYO FM)で平日の午後に帯でやっていた『歌謡バラエティ』。初めてラジオに触れたとなると、このあたりになるでしょうね。小学校低学年だったと思います。ただ、偶然つけたらその番組が流れてきただけで、特にラジオにハマることはありませんでした。

小学6年生の頃なんですが、どちらが先かわからないんですけど、『ザ・欽グルス電リク60分』(TBSラジオ)か、『古舘伊知郎の赤坂野郎90分』(TBSラジオ)が自分から最初に聴いた番組です。『ザ・欽グルス電リク60分』は1回聴いただけで離れてしまったんですが、中1になって、『ザ・欽グルスショー』に変わった時から改めてちゃんと聴くようになりました。

当時は欽ちゃん(萩本欽一)のテレビ番組をよく見ていたんですけど、『ザ・欽グルスショー』は欽ちゃんのテレビ番組に出ていたレギュラーメンバーが出演している帯番組でした。当時は平日の夜にラジオを聴くのは親に禁止されていたんですが、「土曜日だけはいいよ」と。土曜日の担当はコサキン(小堺一機&関根勤)でした。『赤坂野郎90分』は古舘さんがテレビ朝日を辞めてフリーになった直後に始めたレギュラー番組です。この二つの番組を同時期に聴くようになりました。

単純な興味から聴き始めたんですけど、どちらも面白かったですね。コサキンなんて当時から〝意味ねえ〟笑いをやっていたので、くだらなくて、わけがわからなくて（笑）。古舘さんの番組も毎週ゲストを呼んでトークするのが楽しく、テレビとは違う魅力を感じました。

コサキンは土曜日から木曜日担当になってしまい、しばらく聴けなくなったんですが、今度は『進め！おもしろバホバホ隊』（TBSラジオ）という夜ワイドの箱番組を月〜金曜日でやることになるんです。それに気付いて、また2人の番組を聴き出すんですが、半年で深夜ラジオの『スーパーギャング』の枠に移動してしまいました。

また聴きづらくなってしまったんですが、ある夏の日、眠れない時にたまたま聴いたら、数ヶ月触れてない間にさらにわけがわからなくなっていて、「これは毎週聴かないとダメだ」って。そこからは毎週聴くようになりました。そういう意味では、コサキンがラジオを好きになったきっかけだと思います。自分としてはこの頃に〝ラジオを好きになり始めた〟という感覚でしたね。

その後、定期的にラジオを聴く生活が続いたんですが、高校生の時にコサキンが雑誌の『ラジオパラダイス』で特集されたんです。その号は残念ながら購入できなかったんですが、翌月号は本屋さんに頼んで取り寄せてもらって。それを読んでいるうちに「ラジオ番組って、こんなにいろいろやっているんだ」と気付いたんですよ。地方ラジオの記事も載っていたので、KBC（九州朝日放送）には沢田幸二さんがいる、CBC（中部日本放送）には小堀勝啓さんがいる……なんて各局のアナウンサーに関する知識も身につきました。

文化放送の夜ワイドを聴き続けて

学生時代の僕は完全に文化系でした。あまり良い思い出はなく、わりと暗い感じではありましたが、人付き合いが悪いわけではなく、友達とはよく遊んでいた普通の学生でしたね。周りにリスナーはほとんどいなかったんですが、中学時代の同級生が高校生になってから『三宅裕司のヤングパラダイス』（ニッポン放送）の「ドカンクイズ」に出ることになり、応援しに行った記憶があります。ラジオはごくごく自然に聴いていて、自分の中でそこまで大きい存在とは捉えていませんでした。ただ、聴いていくうちに自覚なくハマっていったんでしょうね。

文化放送を聴き始めたのは『城之内早苗のお夜食ないと』から。中高生の時は「おニャン子クラブ」が人気で、まさに直撃世代でした。おニャン子クラブ自体にハマったわけではないんですけど、ちょうど僕がラジオに目覚め始めた頃にメンバーの城之内さんが文化放送で番組をやっていると知って。彼女は演歌をやっていて、他のメンバーとはちょっと違う存在だったんです。それで興味を持って、なんとはなしに聴いていていました。

同時期に文化放送では浅香唯さんと松本典子さんも『アイドルじゃじゃうまランド』をやっていたんですが、その2番組と夜ワイドの『東京っ子NIGHTお遊びジョーズ!!』が合同で開催したイベントがあったんです。これをきっかけに文化放送の夜ワイド枠にハマって、それ以降、35年間くらい今の今まで文化放送の夜ワイドは聴き続けています。『お遊びジョーズ!!』は『吉田照美のてるてるワイド』が終わった後に始まった番組。僕って文化放送を象徴している照美さんの夜ワイドをほぼ聴いていない世代なんですね。

今でも文化放送でメールを読まれることが多いので、文化放送だけを聴いているイメージを持たれやすいんですけど、そもそもコサキンからラジオに入っているので、90年からTBSラジオの深夜帯に別名義で投稿し、『UP'S』が始まった1年目は5曜日で200枚ぐらいハガキは読まれているんですよ。正直言うと、TBSラジオの深夜帯は現在の『JUNK』に至るまで定期的に投稿してきました。バカルディとちはるさんは『スーパーギャング』から深夜帯を担当していましたけど、「バカる」の愛称をつけたのって実は僕なんです（笑）。

一方、ニッポン放送の『オールナイトニッポン』はほとんど通ってません。ニッポン放送をまったく聴いてないわけじゃないですし、投稿して読まれたことも多少はあります。たまたまラジオにハマった時期の『オールナイトニッポン』のラインナップが合わなかったのかもしれません。

高校から浪人時代は、文化放送の夜ワイドからＴＢＳラジオの深夜番組を聴くのがいつもの流れでしたね。もっと年を取ると、ラジオを複数持って、裏番組も積極的に聴いていくんですけど。この人が別の番組をやっていると知ったらそっちを聴いて、あの人と共演している人がこっちで番組をやっていると聴いたらそれも聴いて……なんて感じで聴く番組がどんどん増えていきました。ある意味、泥沼にハマっていってたと言えるかもしれません。

「たかちゃん〝アブラゲドン〟石油王」というラジオネームの由来

投稿は88年頃に『お遊びジョーズ!!』のクイズコーナーに出したのが最初だと思います。ただ、クイズの正解・不正解で読まれたぐらいで、投稿自体は続きませんでした。本格的に投稿するのは浪人中だった90年前後です。

88年の春に汐留ＰＩＴという期間限定のライブハウスで、コサキンがイベントをやったことがありました。僕も行ったんですが、集まった人数が多くて入れなくて。仕方ないから、同じように参加できなかったリスナーと一緒にご飯を食べに行って仲良くなったんです。そこからリスナー同士の付き合いが広まって。僕は現場主義のところがあるんで、積極的にイベントにも行くようになっていました。

知り合ったリスナーで投稿している人がいたので、「僕にもできるかな?」と悪い発想が浮かんで(笑)。それで小堺さんが文化放送でやっていた『(小堺一機の)ヤングプラザ』に送るようになり、他の番組にも出すようになった感じですね。

もう30年以上前なんで、ネタの投稿を初めて採用された時の記憶はほとんどないんですが、そこまで感動はしなかったと思います。知り合いもよく採用されていたので、みんなで「読まれたね」って話したくらいかな。結局、専門学校に進学したんですが、相変わらずラジオを聴いて、イベントに行ったり、リスナー仲間と遊んだりしてました。そんな風に遊んでいるうちに、流れ流れて、社会人になってもずっとリスナーとハガキ職人をやっています。

一番ラジオを聴いてる時間が長いのは、今かもしれません。ICレコーダーでラジオを録音して、倍速で聴くようになったんです。2台使って、両耳で同時に別々の番組を倍速で聴いたり、片耳でリアタイしながら、もう一方の耳でも倍速で聴いたり。全部の話が頭に入るのかと言われたら、決してそんなことはないんですけど(笑)。

文化放送で言うと、月から金の夜21時から29時の番組は録音していて、毎日5時間分ぐらいは必ず聴いています。それ以外に他の時間帯や他局もあるので、なんとなく耳にしているという意味で言ったら、1週間で70から80時間は聴いているかもしれません。録音したものを全部聴いているわけではないんですが。

声優さんのラジオは文化放送を流れで聴いていくうちに出会いました。冨永みーなさんが『(斉藤一美の)とんカツワイド』に出たり、『走れ!歌謡曲』を担当されたりしたのがきっかけですね。子供の頃にアニメや特撮は普通に見ていましたけど、そこまで詳しくありません。派生していくうえで、声優さんの番組が増えただけで。〝アニラジを聴いている人〟みたいに思われることがあるんですけど、そういうわけじゃないんですよ。

フラットに見れば、声優さんもパーソナリティ。アニメ好きや声優好きから入ったわけじゃないですし、極端に言えば、僕にとって伊集院光さんも砂山圭大郎さんも橋本和さんもパーソナリティとしては一緒なんですね。最近はTBSラジオまでさすがに対応できず、文化放送中心ですが、bayfmも聴いています。TBSでも録音している番組はあるので、そっちに戻ろうという気もあるんですけどね。

ラジオネームの由来を話すと、「たかちゃん」は本名から来たあだ名です。「石油王」はコサキンリスナーの友達が名付けたんです。よく何人かで遊んでいて、その友達がみんなを「石油王」と命名したんですけど、ある時に「石油王はたかちゃんにあげるよ」と言われて、僕だけが「石油王」になったんです。他の人は「カジノ王」「造船王」になっていくんですけど。その名付けた友達は20年近く前に亡くなっているので、この言葉を選んだ理由はもうわからないんです。

「アブラゲドン」は松尾貴史さんがパーソナリティをしていた『キッチュ！夜マゲドンの奇蹟』（文化放送）が由来です。この番組に投稿した時、普通の人はわからないけど、内輪の人間だったら僕だとわかるというニュアンスで「たかちゃん石油王」のラジオネームを使っていました。『夜マゲ』は採用されると「星」と呼ばれるポイントが与えられて、それを10個貯めると、番組から「洗礼名」をもらえるシステムがありました。90年代でもギリギリだったと思うんですけど、番組自体が宗教を模していたんですよね。

そこでもらった洗礼名が「アブラゲドン」で、その三つを合わせて今のラジオネームになりました。『夜マゲ』の洗礼名を今でも使っているリスナーは他に一人しか知りません。

文化放送の社長が覚えてくれていた

なんでこんなにラジオにハマったのか……？　単純に聴いてて面白いし、投稿してて楽しいのが大きいです。ある意味、「遊び場」という感覚。〝金を稼ぐ仮の姿〟の時以外はラジオに完全に振っている意識は自分にもあるんですが、友達もラジオ側の人間ばかりなんです。

ラジオを聴き、投稿するのが自分の習性になってしまっているので、今後飽きることはないと思います。一つの番組に飽きたとしても、違う番組もあるじゃないですか。ラジオ以外の音声コンテンツも含めると、番組の総数は増え続けているので、そういう意味では飽きようがないんです。もちろん友人と遊んだり、飲みに行ったりもするんですけど、結局それもラジオで知り合った同世代の仲間となんですよね。

投稿を続けてきたモチベーションは、自分の投稿がきっかけに物事が変わっていく面白さがあるから。たまに1年間で6000通とか、1万通とか投稿している物凄い方もいるじゃないですか。そこまではやってないんです。あんまりやりすぎると、枯れてしまうというか。僕も自転車操業みたいな投稿の仕方にはなっていますけど、「楽しかったら出そうかな」という意識でいます。昔は「毎週読まれたい」という気持ちもありましたが、最近は〝質〟という部分も考えていて。ただ読まれるだけじゃなく、その先に繋がるのか。そういうところも考えるようになりましたね。

30年もやっていると、ネタを考える限界には来ているんです。文化放送の夜ワイドに関して言ったら、番組がターゲットとするリスナー年齢と比べて、2、3倍上になっているじゃないですか。だから、賑やかしぐらいのスタンスですね。パーソナリティに認知されたいという欲はゼロではないですけど。

長年投稿し続けていると、逆に関係者から街中で話しかけられることもあるんですよ。プライベートで上野動物園に行ったら、「たかちゃん」と声をかけられて、誰かと思ったら、お子さんを抱えている砂山アナウンサーだったりとか（笑）。あとは、山手線で声をかけてきた相手が斉藤一美アナだったとか。

特に文化放送は長年投稿し続けているので、僕が送っていた番組を担当していたアナウンサーやディレクターが別の部署に異動されている場合もあるんです。そういう方からイベント現場で声をかけられることもありますね。認知されたいと強く思っているわけじゃないんですけど、関わっている期間が長いので、結果的に覚えてもらっているという。以前、現金50万円をプレゼントする企画に当選した時、スタッフさんに「お前に当たってもしょうがないんだよな」って言われたこともありました（笑）。

『伊福部崇のラジオのラジオ』（超！A&G＋）に文化放送の齋藤清人社長が出演した時にメールしたんですが、僕のことを覚えていてくれたのはびっくりしました。当時『斉藤一美のとんカツワイド』のチーフディレクターだったんです。ちゃんと話をしたことはなかったんですが、あの頃はたくさん投稿を読まれていたので、それで覚えていてくれたんだと思います。

一定期間だけ投稿してフェードアウトしたり、ラジオ業界に入ったりと、何かしらの形で送らなくなる人が多いですから、もちろん僕のようなタイプがいないわけではないんですけど、自分でも特殊だなとは思っています。

長年聴いていると、リスナー仲間がラジオ業界に入っていくことも増えました。僕自身、ラジオ業界に入りたい気持ちがゼロだったわけではないんです。電話で出演したり、スタジオに呼んでもらったりした経験はたくさんありますし、コミュニティFMでパーソナリティをやっていた時期もありました。

ただ、業界に入って成功した人も知っているんですけど、それ以上に失敗した人も知っているので、行動には移しませんでした。生活基盤がしっかりとしていて、辞めても戻ってこられる状況だったら挑戦したかもしれませんけど。業界に入れたら別の楽しさがあるんでしょうけど、それとは違った苦しみもあるでしょうからね。

今後どういうリスナー生活になっていくのか、あまり想像はつかないですが、このまま流れて、そのまま亡くなっていくというか（苦笑）。年を取ったら、どこまで無理が利くかもわからないですし。でも、僕より年齢が上で夜ワイドを聴いている方がまったくいないわけではないですからね。なんとなく文化放送の夜ワイドを見届けていこうという気持ちはあります。

◎私が思うラジオの魅力

自分発信で参加できるところ

出演者やスタッフが身近に感じられるところ、自分発信で何かができるところだと思います。自分がたまたま投稿したものがきっかけで話が転がっていくことってあるじゃないですか。テレビも影響力は強いと思いますが、ラジオはピンポイントなぶん、余計に面白いですよね。

さっきも話したように、現場主義というか、ラジオに参加するという意識は強いと思います。今はコロナ禍の影響であまりないですけれど、中継企画があったら現場に行っていましたし、結果的に家で聴いているだけでは収まらないんです。そこに行かないと見れないものもあるので。

現場に行くと、そこでよく見るリスナーさんもいるので、僕みたいな人間も一定数いるんだと思います。学生時代は文化部でそこまで外交的じゃなかったのに、年齢を重ねていくうちにこういう意識になりました。参加できる魅力というのもあると思います。

◎ラジオを聴いて人生が変わった瞬間・感動した瞬間

流れ流れてたどり着いた場所

たくさん聴いているので、極端に番組にのめり込んでいない部分はあります。その場その場では感動した瞬間はあるかもしれませんが、聞かれるとすぐに思い浮かばないんですよね。

ラジオ番組が終わったとしても、泣いたりはしないタイプです。番組が終わると聞いても落ち込まないんですよ。それこそK太郎（砂山圭大郎）さんが『レコメン！』（文化放送）を降りると知った時に、真っ先に思ったことは「局アナを降ろしてタレントを雇うギャラがあるんだ」でしたから（笑）。僕自身、あまり感情を表に出さないところがあると思います。

まあ、ラジオに極端に偏った時点で、人生は明らかに変わっているんでしょうね。明確に変わった瞬間があるわけじゃなく、流れ流れて今にたどり着いた感じがあります。

◎特にハマった番組

文化放送の夜ワイドと『黒ＢＵＴＡ天国・素肌にＣ－ｊａｃｋ』

文化放送で挙げるなら、『キッチュ！夜マゲドンの奇蹟』や『斉藤一美のとんカツワイド』、『古本新之輔　ちゃぱらすかＷＯＯ！』、『レコメン！』あたりですね。この辺の夜ワイドから一つに選びようがないです。

あと、同じ文化放送の『黒ＢＵＴＡ天国・素肌にＣ－ｊａｃｋ』も印象に残っていますね。90年代に放送していたんですが、当時にしては珍しくメディアミックスで展開していたんですよ。講談社の『週刊ヤングマガジン』とテレビ東京の番組と文化放送によるプロジェクトでした。そこで黒BUTAオールスターズというアイドルグループを生み出そうと2年間ぐらい放送していたんです。

MCは藤木千穂アナウンサーと黒BUTAオールスターズのメンバーが日替わりで担当していました。メンバーにはのちにEvery Little Thingを結成する持田かおり（現・持田香織）さんや、これ以前に映画の『幽幻道士』シリーズで子役として人気を博していたテンテン（現・シャドウ・リュウ）さんも所属していて。メンバーに選ばれたけれど、すぐに脱退した中には遠峯ありさ（現・華原朋美）さんもいたんです。なかなかの面子ですよね。のちにこの番組のプロデューサーが「黒BUTAオールスターズはモーニング娘。の原形だ」と言ってました。

◎印象に残る個人的な神回

アニソンシンガーYURiKAの生中継レポートに乱入した回

アニソンシンガーのYURiKAさんがやっていた『(A&G ARTIST ZONE) THE CATCH』（超！A&G＋）でのことなんですが、YURiKAさんが『(A&Gリクエストアワー) 阿澄佳奈のキミまち！』（文化放送）で中継レポーターになると決まったので、番組内でその予行練習をした時があったんです。

僕はその日、仕事が休みだったので番組を聴く予定だったんですが、朝に番組ブログで「予行練習をする」と書いてあったのを見て、「これは生で中継をするはず。文化放送付近に行けばご本人がいるんじゃないか？」と思い立ったんです。それで実際に文化放送前に行ってみたら、スタッフさんが中継で使うボードを持っていて。「ここにいれば大丈夫だな」と思ったら、ＹＵＲｉＫＡさんもいらっしゃったんで、僕もちゃっかり加わって、レポートの様子を見ていたんです。

ＹＵＲｉＫＡさんとは以前イベントでお会いしたことがあったので、僕に気付いてくれて、話しかけてきてくれたんですよ。結果的に僕が乱入するような形になり、番組に出演しました。本当に個人的なことなんですけど、そこに至る流れは神回だったなって思います。ネットの反響を見たら、あまりにきれいな展開だったんで、「仕込みじゃないか？」と書かれていたんですけど、まったくそんなことはなく、勝手に予想して行っただけでした。

あくまで聴いていた立場で挙げるなら、『レコメン！』でＫ太郎さんが柔道家に絞め落とされて、放送中に失神した回です。昔は『レコメン！』ってムチャクチャな企画をやってたんですよね。スタジオに土佐犬を呼んだり、芸人さんの下半身を露出させてスープにつけさせたり、尻の穴のシワの数を数えたり（笑）。本当にバカなことをしてました。

◎ラジオを聴いて学んだこと・変わったこと

自分の知らなかった情報、人間について知ることができる

ラジオを聴いていると、知らない情報が入ってくるんですよね。自分の興味あるカテゴリーにないこと、趣味の範囲外のことが入ってくる。それはラジオならではのことだと思います。ある意味、勝手に情報を得られますから。

あと、インターネットを見ていると、みんな楽しく聴いているばかりじゃなくて。少ないとは思いますが、不満を垂れ流しながら聴いている人やパーソナリティに暴言を吐いている人って意外といるじゃないですか。だから、人間の楽しみ方っていろいろだなあって。それは学んだことかもしれません。

◎私にとってラジオとは○○である

私にとってラジオとは「人生」である

パッと思い付いたんですけど、本当に「人生」そのものになっちゃっているんですよね。人生の一部どころじゃないんです。ラジオ関連で言えない話もたくさんありますし、ムチャクチ

ャな原体験があったから、もうラジオのない生活には戻れません。普通のリスナーができない経験は、良いことも悪いことも体験してきているなって自分でも思います。

ここまで話してきたことからもわかるように、僕はラジオに全振りしている人間です。もちろん思い入れは強いんですけど、当たり前ですが、「ラジオは僕が投稿しなくても回っていく」という認識もあります。ただ単に自分は楽しいからやっているだけです。それでも、長年聴き続けて、現場主義だからこそいろんな人と関わるようになって。結果的に番組との付き合いというより、人と人との付き合いになっちゃっているところはありますね。サイレントリスナーだったらここまで聴き続けてこなかったかもしれません。

コラム7

最近のリスナー事情

とにかく時間が足りない!?

普段ラジオを聴かない方は、たかちゃん〝アブラゲドン〟石油王さんの「両耳で別番組を倍速聴取している」という話に驚いたかもしれない。なぜそんな聴き方をしているのか。ラジオ界の現状を知れば理解してもらえるだろう。

古くはラジオを録音するためにカセットテープやMDが必要で、地方の番組を聴くには雑音の中、電波と格闘する必要があった。複数の機材がなければ裏番組を聴くことなど不可能。自分で聴く番組を絞るしかなく、聴き逃してしまったら諦めるしかなかった。

だが、今はradikoを使えば、1週間限定ながら全国各地の番組を聴ける。「聴きたい番組をすべて聴ける」状況になったため、リスナーは〝強制的に諦めさせられる〟ことがなくなり、自分が求める限りの番組を聴ける状況になった。

今は音声コンテンツ全体が大きく盛り上がってきている。ここまで書いてきたように、ポッドキャストや配信アプリなどが多数あるし、例えば『オールナイトニッポン』（ニッポン放送）はアーカイブのサブスクサービス『オールナイトニッポンJAM』を立ち上げ、ポッドキャストでもアーカイブ配信を始めており、公式な形で過去の音源にも触れやすい環境だ。

音声コンテンツのみならず、世の中にはNetflixやAmazon Prime Videoなど動画配信サービスも普及しており、エンターテインメントに触れるうえで、選択肢は増える一方。10年ほど前なら「あんまりこのパーソナリティに興味ないけど、暇だから聴いてみるか」なんて考えられたが、今は自分がどうしても聴きたい番組だけをチョイスしても、とにかく時間が足りないのだ。

そうなった時にリスナーが思い浮かべるアイデアが「倍速聴取」と「両耳で別番組聴取」の2つ。私も挑戦したことがある。「両耳聴取」は慣れないと難しく断念したが、取材前に大量の音源をチェックしたい際には「倍速聴取」を導入。2倍速だとさすがに厳しいが、1・5倍ぐらいなら内容も追えるので、利用している。

もちろん「本来のスピードでじっくり聴くのが一番面白い」「両耳で別の番組を聴く、倍速で聴くなんて、パーソナリティやスタッフに失礼だ」という意見はどのリスナーも重々承知だろう。それでも、どうしても聴きたい気持ちが抑えきれず、そういう聴き方をしているというのが素直な心境ではないだろうか。そこまで極端な形ではないにしろ、CMや曲は飛ばす、フリートークだけ聴くなんて聴き方のリスナーもいる。

リスナーをインタビューする企画を始めた頃にはまったく問題視されていなかったが、最近は「聴く番組の選び方」や「多数ある聴きたい番組との付き合い方」が話題になることが増えてきている。昔の状況を考えると、リスナーのこういう変化は嬉しい悲鳴とも言えるが、切実な問題なのは間違いない。

リスナー環境の変化でもう一つ大きいのは、放送中の実況文化の誕生だろう。インターネットの匿名掲示板〝2ちゃんねる〟などでひっそりと行われていたが、Twitterの普及により、一気に広がった。今では番組側で公式のハッシュタグを指定することも多く、放送内でツイートを読み上げることもある。

テレビのドラマやアニメ、バラエティ番組でもTwitterを使ったテキストによる実況文化はあるが、特にラジオは音声だけの〝ながら聴き〟ができるメディアのため、目と手が空いているから、実況とは相性が良い。実況と共に、Twitter上にコミュニティが生まれ、リスナー同士が繋がりやすい状況になった。かつては職場や学校でラジオ好きを見つけるのが至難の業だったわけだから、隔世の感がある。

しかし、良いことばかりではない。番組のハッシュタグをつけて、批判や誹謗中傷をつぶやくリスナーも存在し、狭い状況ながら炎上することがある。この本を読んでいただければわかるように、リスナーのラジオとの距離感は様々だから、コミュニティ内でいざこざが起こる場合もある。

たくさんありすぎる番組との付き合い方やSNSとの距離感について10代の若いリスナーに聞くと、冷静な意見を耳にすることが多い。こういう部分からもその人の性格や人間性が見て取れるので、リスナーをインタビューする身としては、とても興味深い時代になったと思っている。

ハンドルネーム ブタおんな

女性／47歳（1975年）／神奈川県出身／司書

仕事、恋愛、友達……青春のすべてをくれた

『くりぃむしちゅーのオールナイトニッポン』のリスナーには説明する必要がないだろう。「ブタおんな」は初代ミキサーの愛称。彼氏がいるのを上田晋也にひた隠しにして、婚約寸前まで恋人がいない体で恋愛相談をしていたことからそう名付けられた。彼女のラジオ史を紐解くと、学生時代のイベント出演、日本大学藝術学部入学、ミキサーとして働く日々、結婚、出産、離職……と本当に波瀾万丈。そんな中でも彼女は、「ラジオを聴いていたから変わらずにいられた」のだという。

「ずっとキョンキョンが喋ってる！」という衝撃

子供の頃、車に乗っている時や母親が家で家事をしている時は、いつもニッポン放送が流れていました。それがラジオに関する一番古い記憶ですね。その頃に住んでいた川崎では電波がよく入ったから、ニッポン放送だったんだと思います。

実は昔、〝ラジオノート〟なるものを自分で書いていました。私は日記が好きだったんですけど、普通に書いていたらラジオの話ばっかりになっちゃうと思って、ラジオだけ別にしたんです。今日はこれを見ながら話させてもらいますね。

小学生の頃は小泉今日子さんや本田美奈子さんといったアイドルが好きでした。みんなが興味を持ちそうなアイドルは全員好きでしたが、特にキョンキョンに夢中で、「キョンキョンのことならなんでも見たい！　知りたい！」という気持ちでした。でも、親にテレビは夜9時までしか見させてもらえなかったんです。そんな時、たまたま新聞でラテ欄を見ていたら「小泉今日子」という名前を見つけて。「これ聴きたい！」と親に頼んで、ラジカセを借り、夜に自分の部屋で聴き出したのが自発的に触れた最初のラジオです。それが『小泉今日子　おきょんな夜だから』（ニッポン放送）。小学5年生の時でした。

初めて聴いた時は「テレビと違って、ずっとキョンキョンが喋ってる！」と驚きました。テレビだと歌は歌うけれど、そこまでたくさん喋らない。でも、ラジオは30分ずっと喋ってるじゃないですか。ちゃんと自分のことを話してくれるから、面白いなあって。キョンキョンが車の免許を取ったばかりで、運転しながら話しているのを収録した回があったんですよ。「こういうのもラジオになるんだ」と面白く感じました。

同じ時期なんですけど、自分でなんとなくラジオをつけた時、たまたまやっていたのが『玉置宏の笑顔でこんにちは!』（ニッポン放送）で。ちょうど5月5日で、放送では「こどもの日のスペシャルなので、お子さんは電話をください」って言っていたんです。親は働きに出ていて、家には私一人でしたけど、「かけちゃえ!」とそのまま電話をかけたら繋がって。オペレーターさんが話を聞いて、内容をまとめてくれました。「うちのお母さんはジョギングをすると言ってしないんですよ」みたいな話でしたが、その内容が紹介されて、後日ノベルティのタオルをもらい、「ラジオで話すとこういうことになるんだ」って嬉しくなりました。

キョンキョン以外のアイドルの番組はどうなんだろうと気になり、聴く番組が広がって、小6の時に夜10時から放送していた『三宅裕司のヤングパラダイス』（ニッポン放送）にたどり着くんです。周りでも流行っていた番組で、学校でも『ヤンパラ』という言葉がよく聞こえてきて、卒業アルバムの一番後ろにある「流行った言葉」の欄にも『ヤンパラ』と載っていたくらい。それを見た時に、「私だけじゃなくて、みんな知ってたんだ」と感動した記憶はありますね。

三宅裕司さんは俳優で、さらに劇団の座長としても活躍されていて、私にも「お芝居をやっている人が喋っている」という認識はありました。もともと演劇に興味があったんですけど、それまでは大人がやっている演劇を詳しく知らなかったんです。だから、ラジオから演劇を知ったんですよね。「SET（劇団スーパー・エキセントリック・シアター）に入りたいなあ。でも、アクションがあるから無理かな」なんて憧れていました。その後、中学でも高校でも演劇部に入ることになるんですよ。

私のラジオノートによると、『ヤンパラ』に投稿して採用されたみたいなんですが、ほとんど覚えてないです。玉置さんの番組での経験が衝撃的だったので、そっちのほうが記憶に残っていて。当時はちょいちょい送って読まれていたと思いますが、ハガキ職人と言えるほどの才能はなかったですね。

音楽番組と芸人ラジオに熱中していた中高時代

中学生になってからは音楽への興味が強まりましたが、そこにもラジオの存在が大きく関わってきました。大江千里さんが好きなんですが、千里さんを知ったきっかけもラジオで。『ヤンパラ』を聴いていて、寝落ち寸前のところで流れてきた曲があって、「この声、何？」と思ったまま眠ってしまったのが出会いなんです。意識もうろうとしていたからアーティスト名も曲名もわからなくて。

ある日、新聞のラテ欄を見ていたら、大江千里という名前をよく見かけることに気付いたんです。でも、私は「おおえせんり」じゃなく「おおえちさと」と読んでいたので、女性アーティストだと思い込んでいました。どこかでこの二つの答え合わせができたんでしょうね。『ヤンパラ』で聴いたあの曲は大江千里という男性の歌だ！」と繋がった途端に気になり出して、追いかけ出したら大好きになっちゃったんです（笑）。千里さんが出る番組はだいたいチェックしていました。

音楽番組でいうと、ニッポン放送では上柳昌彦アナウンサーがやっていた『HITACHI FAN! FUN! TODAY』や『ぽっぷん王国』、あとはFMのラジオも聴くようになりました。ラジオきっかけでアーティストを知り、そこから追いかけて。その人が紹介してくれた人をまた聴きたくて別の番組を聴くという流れにハマっていました。

そんなリスナー生活を続けていたんですが、高校受験の勉強が始まる頃に『ヤンパラ』が終わるんです。さらに、同じタイミングで『FAN! FUN! TODAY』も『ぽっぷん王国』も終わることになり、「何を聴いて、受験勉強をすればいいんだ」ってショックを受けましたよ。

『ヤンパラ』は終了が近づくにつれて過去を振り返る企画をしていましたから、徐々に番組から卒業する感覚になったんですが、『FAN! FUN! TODAY』と『ぽっぷん王国』はパーソナリティがニッポン放送所属の上柳さんなのに、なんで終わらなきゃいけないんだという憤りがあって。音楽が好きになってから、自分の気持ちの比重が『ヤンパラ』からこの2番組のほうに移っていたんですよね。この時のことはとても印象に残っています。

『オールナイトニッポン』(ニッポン放送)を聴き始めたのは、高校に入ってからです。中学の頃は遅くまで起きている時しか聴けなかったんですが、高校に入り、ウッチャンナンチャンにハマって、他の曜日も並列で聴くようになりました。どんどん夜更かしできるようになり、2部まで聴いていましたね。

当時はいつも朝になるとお腹が痛くなっていました。痛いまま高校に行って、「なんで私はこんなにお腹が弱いんだろう」と嘆いていたんですけど、今思えばただの寝不足だったんですよね(笑)。

ただ、しっかり聴いていたのは『ウッチャンナンチャンのオールナイトニッポン』と、『伊集院光のOh!デカナイト』(ニッポン放送)に箱番組で入っていた『ウッチャンナンチャンのラジオな奴ら』くらい。他は結構いい加減で、途中でお風呂に入りに行ったり、翌日の学校の用意をしたり、なんとなく流していた感じです。

ビートたけしさんの最終回もたまたま聴いたんですけど、内容がさっぱりわからなくて。でも、大きなものが終わってしまうんだ……という感覚は味わい、「次は誰がやるんだろう？」と思っていたら、古田新太さんで。演劇の人だったから聴き始めたんです。ふるちん（古田新太の愛称）はまだ今みたいにテレビに出るようになる前でしたけど、ラジオはシモネタ全開で面白かったですね。

この頃も基本はニッポン放送。渡辺美里さんが好きだったので、どうしても『スーパーギャング』（TBSラジオ）が聴きたかったんですけど、雑音がひどくて断念して。逆にクリアに聴けるFMを聴くようになりました。好きなアーティストに関してはFMばっかりでした。将来の進路として、ラジオ関連に進みたいと考えるようになったのもこの時期です。

日藝時代に知ったミキサーの重要性

高校時代には『ぽっぷん王国ミュージックスタジアム』（ニッポン放送）も聴いていたんですけど、この番組で紹介していた音楽コンテストの『TEEN'S MUSIC FESTIVAL』には、楽器ができなくてもオリジナルのカラオケがあれば出場できたんです。歌も好きだったから応募してみたら、審査を通過し、大学受験の1ヶ月前に銀河スタジオのライブに出ることになりました。親に、「受験前に何をやっているんだ！」って怒られながら（笑）。

番組を担当していたのが、まだ若かった神田（比呂志）ディレクターでした。神田さんは始まる前に一人ひとり面談をしてくれていたんです。その中で「私、ラジオが好きなんで、日藝の放送学科を受験します」と伝えたら、「放送学科に行ったからって、面白い番組を作れるディレクターになれると思うな」みたいなことを言い出して（笑）。「うちには東大の農学部を卒業したディレクターもいる。放送のことしかわからないんじゃ番組は作れないんだよ。自分に一つ、強みを持たないと」っていう話を聞いて、そういう考えもあるんだなと。ちなみに、オリジナル曲で挑戦したんですけど、賞はもらえませんでした。

同時期に『ウッチャンナンチャンのオールナイトニッポン』の「ボクコン」という歌コーナーのイベントにも出演したことがありました。この「ボクコン」で出会った友達とは今も交流が続いています。彼女は大阪に住んでいるし、何日間も一緒にいたわけじゃないのに仲良くなって。2人とも喋るのが好きだから、お互いにカセットテープにお喋りを録音して、文通代わりに1ヶ月に1、2本送り合っていました。今でも十何本か取ってあります。不思議な縁だなあと思いますね。

こうして受験を迎えたわけですが、志望していた日藝の放送学科は筆記で落ちちゃったんです……。最終的になんとか面接を通ったのが、映画学科の撮影・録音コースでした。「私、映画はそこまで見てないしなあ……」と悩んだんですけど、神田さんの一言があったので、「放送を学ばなくても、ラジオ業界にはなんとかいけるんじゃないか」と考え直し、日藝に入ることにしたんです。

ラジオをやりたい気持ちを秘めながら日藝に入ったんですが、実際はそれどころじゃなくなっちゃいました。学校の課題もあるし、所属していたミュージカル研究会では踊りも歌もスタッフもやっていたからとにかく忙しく、ラジオからは離れていて。放送とは全然違うんですけど知らないよりはいいと思いながら、録音コースで音の勉強をしていました。

映画撮影で2人が訪れていた伊豆大島から、『ウッチャンナンチャンのオールナイトニッポン』を放送した時があったんです。ラジオの機材を持って行くことになるわけですが、ミキサーの井折（良男）さんが遅れてしまい、ディレクターだけが船で先乗りしていたんですけど、機材がないから音も出せない。なんとか井折さんが別の方法で現地に現れて、「それで助かったんだよね」とウッチャンナンチャンが話していたのが印象的で。番組の現場責任者はディレクターなんですけど、機材を使える人、音を出せる人がいないと番組にならないんだと気付いたんです。そういう記憶が蘇って、ミキサーになりたいと思うようになりました。ただ、細かい情報は知らなくて、「とりあえずニッポン放送に入ればいいや」なんて気楽に考えてました。局に入ることがどんなに大変かも知らずに（笑）。

現場を見れば雰囲気がわかるだろうと、大学時代に2回『ラジオ・チャリティ・ミュージックソン』（ニッポン放送）にボランティアスタッフとして参加しました。その時、現場で入社する直前の人たちが研修として来ていることに気付いたんです。思いきって声をかけて「どうやったらミキサーになれますか？　ニッポン放送に入りたいと思っているんですけど」と相談したら、「ニッポン放送に入っちゃダメだよ。サウンドマンという会社が100％ニッポン放送のミキサーをやっているんだから」と言われて、「サウンドマン？　知らない……」って。「サウンドマンの偉い人、そこにいるよ」と連れて行ってもらい、そこにいた方とちょっとだけお話をしました。

いざ就職活動となり、サウンドマンの面接までなんとか進んだら、『ミュージッククソン』でお会いした方が面接官としていらっしゃって。そこで話がスムーズに進んだんです。それから一生懸命に小論文を書いて、無事入社できた感じですね。

「最初のリスナー」を意識していたミキサー時代

ミキサーになってからは、リスナーとしてラジオを聴く暇がなくなりました。雰囲気を掴むために最初は自分が担当する番組をずっと聴いていましたね。放送後も同録を聴いていましたし、「さっきあの話をしてたね」ってトークができるから、会社に行く前もニッポン放送を聴いていましたし、他局の番組には触れていませんでした。

入社する時に「リスナーの気持ちがわかるミキサーになりたいです」とアピールしていたんですけど、それがずっと頭にあったので、「ミキサーは最初のリスナーだ」って自分ではずっと意識していました。「ミキサーが最初に聴いている人だから、リアクションを取らなきゃいけない」って、先輩からも教えられて。やればやるほどそれを実感したので、ずっと〝リスナー気分〟でやっていましたよ。

自分がミキサーになると、ラジオを聴いていても気になる部分が出てきます。〝ミキサーあるある〟なんですけど、「〇〇さんって音の下げ方がこうだよね」「〇〇さんの食い気味の押し方、凄いよね」なんて気付くようになって。リスナーの皆さんは気にならないでしょうけど、フラットにやる人もいれば、癖がある人もいるので、「これは絶対〇〇さんだ」ってわかる場合もありました。

ミキサーとして『くりぃむしちゅーのオールナイトニッポン』も担当していました。他の放送局のミキサーの方と話すと、「『オールナイトニッポン』やりたかったんだよね」とよく言われるんです。そんな場に立ち会えた私はとってもラッキーなんだと思いました。くりぃむしちゅーのお二人にいじられることもありましたけど、楽しかったですよ。『知ってる？24時。』（ニッポン放送）の立ち上げから上田さんとは一緒にやっていました。現場の楽しい雰囲気が上手く伝わればいいなと考えていましたから、どういじってもらっても構わないと思っていましたね。

リスナーとしてハマったバナナマン&おぎやはぎ、そして上柳昌彦

そのあと結婚して、出産を経験。子供ができたあとは「子供の声を聞かなきゃ」と思っていたので、この時期もラジオにあまり触れていませんでした。

ラジオ業界に復帰したあとはｂａｙｆｍ担当になりました。それまでｂａｙｆｍには全然触れてこなかったので、いろんな時間帯を聴くようにしたら、全体の関係性が掴めてきて。ｂａｙｆｍはＤＪ同士の繋がりが濃くて、そこに面白さがあるんですよ。ニッポン放送時代と違って通勤に時間がかかるから、録音したものなら聴けると気付き、そこでハマったのが『ＪＵＮＫ』（ＴＢＳラジオ）です。バナナマンさんが好きだったので、『バナナマンのバナナムーンＧＯＬＤ』と、それにプラスして『おぎやはぎのメガネびいき』を重点的に聴くようになりました。

私が関わっていた『オールナイトニッポン』とは雰囲気が違って、最初は馴染めないかなと思いました。ミキサーなので「ＣＭとジングルの間が長い」とか、「曲があんまりかからないな」とか気になりながら聴いてたんですけど、段々そっちのほうに慣れてきちゃって、ハマっていきました。バナナマンもおぎやはぎもテンションが高すぎなくて、良い意味で昼のラジオ

みたいな落ち着きがあるじゃないですか。子供を預けて、今から会社に行こうという時に、ちょうどその空気感がよかったんですね。電車の中で聴くと、笑いをこらえるのが大変でした。

聴いていくうちに「久々に投稿しよう」と思って、『メガネびいき』の声を吹き込んで送るコーナーに投稿したら、3回ぐらい採用されました。ディレクターだった福田（展大）さんは、私のことを「『くりぃむしちゅーのオールナイトニッポン』のミキサーをやっていた人」と認識しているでしょうけど、私は「私の音声を聴いて採用してくれた人」だと思っています（笑）。

ミキサーは2020年までやっていましたが、今は資格を取って司書の仕事をしています。ミキサーを辞めたらラジオから離れるかと思っていたんですけど、普通の主婦みたいな聴き方になりましたね。家事をやりながら流しておく感じで、「自分の母親と同じになってる！」と思いました。午前中は時計代わりにして、夜は好きな番組をチェックしています。

朝は目覚めに上柳さんの『あさぼらけ』（ニッポン放送）のエンディングを聴くのが恒例で。最初から聴くのはなかなか難しいんですけど、昔から馴染みのあるあの声を聴くと起きなきゃってなるんです。そこから時計代わりにニッポン放送やbayfmなどを流れで聴く感じですね。『あさぼらけ』を聴き始めた時は、「また上柳さんに戻ってきたんだなあ」と思わずにはいられませんでした。たまに「『FAN! FUN! TODAY』から聴いてました」というメールが紹介されると、「私と同じだ」って感慨深くなります。

最近は『オールナイトニッポン』や『JUNK』からは離れていて、夜にチェックしているのは『#むかいの喋り方』（CBCラジオ）。プロレスラーの棚橋弘至さんがやっている『PODCAST OFF!!』（ポッドキャスト）も好きです。たまに『髭男爵　山田ルイ53世のルネッサンスラジオ』（山梨放送ほか、ポッドキャスト）も聴いてますね。

◎私が思うラジオの魅力

全番組をいちジャンルとして楽しめる

ラジオには手軽さがあると思います。テレビだと目も耳も奪われる。もちろんテレビをつけっぱなしにして家事をされる方もいるでしょうけど、ラジオのほうが一緒にできることが多いと思うんです。ラジオを作っている立場からしたら、それが良いとか、悪いとか言えませんけど、一番身近な感じがします。

いつもそこにある、ということもラジオの良さ。普段は聴いてなかったけど、たまたまラジオをつけたら「まだこの番組やってた」というのは嬉しいじゃないですか。ラジオって「ジャンル」だなと思っていて。テレビにはお笑いがあって、報道があって、いろんなジャンルがあるけれど、ラジオは全部の番組が「ラジオ」というジャンルで、それをまとめて楽しむものだと思っているんです。ラジオって、幅広いんですよね。

◎ラジオを聴いて人生が変わった瞬間・感動した瞬間

自分の核を作ったリスナーとしての経験

「ラジオを聴いて人生が変わった」というより、「ラジオを聴いて変わらずにいられた」という気持ちが強いです。「リスナーの気持ちがわかるミキサーになりたい」「リスナーとして聴きやすいものを作りたい」と思ってサウンドマンに入ったんですけど、その思いをずっと持ち続けてきました。初心忘るべからずじゃないですけど、ずっとラジオを聴いていたことによって、あの頃の思いを変わらずに持っていられたのかなと。

私は好きだったラジオが仕事になったわけですけど、仕事の中で「これは違うなあ」「私のやり方じゃないけど言われた通りやらなきゃ」と感じる時があっても、自分の核となるものは変わらなかったんですね。いろんなラジオを聴いてから業界に入れたのが良かったんだと思います。どんなことを言われても、「そういうこともあるな」「そういう考え方もあるな」って受け入れることができました。

あと、ミキサーという立場が良かったのかもしれません。ディレクターや作家をやっていたら、今みたいに喜々として楽しくラジオを聴けなかったかもしれないですから。ミキサーでもドライに忠実にこなす方だっているし、そのほうが番組としてはたぶんいいんです。私なんて落ちこぼれのミキサーで、「これを残した」という成果はないんですけど、「最初のリスナー」と思ってやってきたことは、本当に悔いがないです。

◎特にハマった番組

ウッチャンナンチャンの素の喋りが聴ける『オールナイトニッポン』

『ウッチャンナンチャンのオールナイトニッポン』です。テレビと違って、2人の素の喋りが聴ける番組でした。ウッチャンナンチャンのフリートークって、テレビだとほとんどないじゃないですか。企画もたくさんありましたが、それをお二人が楽しそうにやるんですよね。それがちょうど私の波長と合ったんだと思います。

他だと、番組じゃないんですが、上柳さんにハマりました。上柳さんの魅力はなんと言っても声ですよね。上柳さんが音楽番組をやっていたことも大きいです。音楽への扉を開けてくれた人でもあるので。

『ルネラジ』もそうだし、城達也さんの『JET STREAM』（TOKYO FM）も聴いていましたし、私が番組にハマる理由は声なのかもしれません。でも、夫の声は……。それこそ、口説かれた時にいい声だったのかもしれませんね（笑）。

◎印象に残る個人的な神回

サンプラザ中野からのメッセージが読まれた上柳昌彦の2番組最終回

先ほど話した『FAN! FUN! TODAY』と『ぽっぷん王国』の最終回は同じ日だったんですが、『ぽっぷん王国』の最後にリスナーから上柳さんへメッセージを伝える企画がありました。ディレクターさんがこっそり作っていて、サプライズで放送したんですけど、私もそこにリスナーとして出させてもらって。出られるのは嬉しいけど、番組は終わっちゃうし、感情がグチャグチャでしたよ。ディレクターさんはバレないようにやっていたので、「ごめんなさい。今ちょっと上柳さんが来ちゃったから録れないんで、また明日ね」みたいなことが何回か続いて。ギリギリで録音できて迎えた最終回でした。

上柳さんは最後の言葉として、鴻上尚史さんの『ピルグリム』という戯曲の「あとがきにかえて」を朗読されたんです。「壊れれば、また作ればいい。問題は、壊れることより、壊れることを脅えることだから」という言葉を語られて。その当時から演劇が好きで、これを機に鴻上さんの戯曲やエッセイにハマっていくんですが、そのあと仕事をするようになっても、ずっとその言葉は心にあります。「壊れたらまた作ればいい」んだって。

実はサンプラザ中野さんの『のるそる』（TOKYO FM）も同じ日に終わることになっていたんです。私はたまに聴く程度のリスナーだったんですが、『ヤンパラ』が終わり、『FAN! FUN! TODAY』が終わり、『ぽっぷん王国』が終わり、眠れない気持ちになっていたら、「そういえば『のるそる』も終わるって言ってたなあ」と思い出して、すぐチューニングを合わせました。

そうしたら、サンプラザ中野さんが番組冒頭で上柳さんへ「お疲れ様でした」という気持ちを話されていたんです。今ならそういう例はあるかもしれませんけど、当時は放送局を超えてメッセージを送るなんて考えられなかったので、凄いことが起きたと思って。局は違うし、自分の番組も最終回なのに……もう大号泣でした。まあ、『ヤンパラ』が終わる時から泣いていましたけど（笑）。この日、私は「青春が終わった」と思って寝たのを覚えています。

◎ラジオを聴いて学んだこと・変わったこと

「どんな人がいてもいい」という感覚

もしかしたら今の時代の感覚に近いかもしれないですけど、「どんな人がいてもいいんだ」という感覚はラジオを聴いて学んだことです。今で言う多様性じゃないですけど。ラジオを聴いてきたから、「この人、さっきのあの人と違うことを言ってるけど、それはそれで別にいいかな」と、幅広く受け入れられるようになった気がします。

◎私にとってラジオとは○○である

私にとってラジオとは「青春」である

私にとっては一言、青春です。大人になっても、オバサンになっても青春ですね。テレビを見て青春だと思ったことはないですけど、ラジオはそれこそ『ヤンパラ』が終わった時、青春が終わったと思いましたから。まだ中学生だったくせに何を言ってたんだって話ですけど（笑）。

そこからまた違う番組が始まって、それにハマって、また青春を過ごして……。ラジオから友達もできたし、恋人もできたし、ラジオが私にもたらしてくれた一つひとつが青春なんです。仕事でも青春だったなと感じる番組はありましたし。

うちの子がとーやま校長（グランジ・遠山大輔）時代の『SCHOOL OF LOCK!』（TOKYO F

M）を終わる前の3ヶ月ほど聴いていたんですけど、最後に手紙を送ったみたいなんですよ。とーやま校長は「全員に返事を出す」と言っていたんですけど、何ヶ月かあとに本当に届いて。子供は忘れかけていたみたいですけど、びっくりして喜んでいて、私も感動しました。結局そこからうちの子はラジオにハマらなかったんですけど、その事実は心に残っていると思うので。そういうのを見ちゃうと、どんな映画よりも「青春！」って感じます。

今日、取材を受ける話を夫にして、試しに同じ質問をしたら、一言「青春」って返ってきたんです。私はすでにメモに書いていたので、「気持ちわる！　私もそう書いてるんだけど！」って話しました（笑）。

最初は親に借りたラジカセでラジオを聴いていたんですけど、誕生日にドデカホーンというソニーのCDラジカセを買ってもらったんです。そこからズブズブと沼にハマっていったんですけど、使わなくなってからも家には置いてあって。大人になって、夫と付き合いだしてから家に来た時、もう使ってないそれを見て、「うわ！」と思ったらしいんです。その時は私に何も言わなかったんですけど、結婚式で仰々しく「自分もドデカホーンでラジオを聴いていたんです」なんて言い始めるから、「気持ちわる！」って（笑）。そうやってたまにシンクロする部分があるから結婚したんでしょうね。

コラム8

ラジオスタッフ

少数精鋭で作る濃密空間

テレビの制作現場とは違い、ラジオは関わっているスタッフが少ない。全体を統括するプロデューサー、番組の進行を管理するディレクター、企画の内容を考えて台本も書く構成作家、音声全般をコントロールするミキサー、そこにＡＤやサブの構成作家が加わるのが基本的な形。ミキサーがいない番組も多いし、予算が限られる地方局ではディレクターが台本を書く場合もあるし、すべての作業を一人で担当するワンマンＤＪスタイルもある。

関わっている人数が少ないぶん、番組ごとに役割分担が変わってくるのも面白い部分。例えば、構成作家が放送中にブースの中に入るのが通例だが、『オードリーのオールナイトニッポン』（ニッポン放送）の藤井青銅はあえて中に入っていない。ブタおんなさんはミキサーだが、『くりぃむしちゅーのオールナイトニッポン』内では、有田哲平と上田晋也による対決コーナー「ツッコミ道場！たとえてガッテン！」のジャッジもやっていたし、番組内で生歌を披露したこともあった。

『星野源のオールナイトニッポン』では、スタッフ総出でラジオドラマをやる「星野ブロードウェイ」というコーナーがあるし、『問わず語りの神田伯山』（ＴＢＳラジオ）にはパーソナリティのトークに笑いで合いの手を入れる〝笑い屋〟なんてポジションもある。番組ごとに様々な形があるが、リスナーから見ると、スタッフとの距離も近く感じるのは、テレビや他のメディアとラジオの大きな違いではないだろうか。

ブタおんなさんの学生時代の証言からもわかるように、以前はラジオのスタッフがそれぞれどんな仕事をしているのか、リスナー側はかなり漠然としか知らなかった。高校時代、放送委員会の委員長として学校行事の音響全般を担当していた私は、将来ミキサーになる道を模索し、専門学校に体験入学した経験があるが、ラジオのミキサーという仕事自体にリアリティが持てず、ライター志望に心が傾いていった記憶がある。その当時、ラジオのディレクターになろうという考えはなかったが、それは「どんな仕事をしているのか」が今ひとつ思い浮かばなかったからだ。

しかし、最近はスタッフがメディアの取材を受ける機会も増え、著書や書籍も多数発売されている。いくつか例を挙げると、『JUNK』統括プロデューサーである宮嵜守史さんの『ラジオじゃないと届かない』（ポプラ社）、元『オールナイトニッポン』チーフディレクターである石井玄さんの『アフタートーク』（KADOKAWA）は、ディレクターという仕事の内容が詳細に綴られている。また、構成作家に関しても『深解釈オールナイトニッポン　～10人の放送作家から読み解くラジオの今』（扶桑社）や拙著『深夜のラジオっ子』（筑摩書房）がある。リスナーとして、編集者として、個人的にはラジオスタッフの著書がもっと増えてほしい。

今は何のジャンルでも裏方まで注目が集まる時代だ。スタッフがSNSで発信している場合も多く、よりリスナーとの距離が縮まり、仕事内容や個性まで伝わりやすくなった。取材をしていて、「ラジオのスタッフになりたい」と志望する若いリスナーが今まで以上に増えてきた印象があるが、それもスタッフの存在がリアルになったからこそだろう。

「あくまで裏方なんだから、前に出ないほうがいい」という考え方も一理ある。だが、リスナーが裏の裏まで知りたくなるのは抑えられない部分。聴く番組を選ぶうえで、スタッフを重視しているリスナーも増えてきている。

歴史を紐解けば、『オールナイトニッポン』の初期はスタッフがパーソナリティを務めていたわけだし、構成作家として『ビートたけしのオールナイトニッポン』に関わっていた高田文夫は今やパーソナリティの印象も強い。もしかすると、スタッフの中に次代の〝ラジオスター〟が隠れているのかもしれない。

茅原良平

男性／43歳（1980年生まれ）／広島県出身／日本大学藝術学部放送学科教授

ラジオを聴いて流れ着いたのは大学の教育現場

学生リスナーがラジオを仕事にしたいと考えた時、まず思い浮かぶのはハガキ職人→構成作家という王道ルートだろう。そこまで自分に才能があると思えない場合、次の選択肢として浮かんでくるのが日本大学藝術学部放送学科の存在である。いつかラジオの制作現場に飛び込もうと、茅原良平も日藝に入学した。しかし彼は今、ラジオのスタッフではなく、母校の教授になっている。そこにはどんな思いやリスナー史があるのだろうか。

生放送のスタジオが現在に繋がる出発点に

ラジオのことを振り返った時に原風景として出てくるのは野球なんです。地元には広島東洋カープがありましたから、子供の頃、食事をしている時にラジオからナイター中継が流れていたのをまず思い出します。テレビは離れた居間にあったので、食卓の隅に置かれていたラジオから、朝は時刻を伝えるワイド番組が流れていました。特に両親が熱心にラジオを聴いていたわけではなく、気が付いたらラジオがそこにあって、それでラジオを認識した感じです。

自分から聴き始めたのは、高校で放送部に入部して、ラジオの世界に興味を持ったことが大きいです。中学時代はソフトテニス部だったんですが、半年ぐらいで幽霊部員になってしまったので、高校では文化部を選ぼうと決めてました。最初からラジオに興味があったわけではないんですが、音楽を聴くのが好きでしたし、お昼の放送で好きな曲を流せるんじゃないかと考えて、放送部に入部したんです。

放送部ではアナウンスの練習をしたり、お昼の放送では自分で曲紹介もしていました。「これ流してよ」みたいにリクエストを頼まれたり、部活動はとても楽しかったです。技術に長けた部員がいなかったので、大会に向けて作品を制作する時は四苦八苦した記憶がありますね。僕は番組を作りたい、喋りたいという気持ちが強かったです。

最初に自発的に聴いた番組は『オールナイトニッポン』（ニッポン放送）のような気がしますが、誰がパーソナリティだったかは覚えていません。具体的に誰かのラジオを聴こうとしたわけではなく、勉強机にラジカセを置くようになって、試しにつけてみた……という感じなので、「最初に聴いた番組は何？」と言われると、返答に困るのが正直なところです。

そもそも広島では放送局の選択肢がＲＣＣ（中国放送）と広島ＦＭとＮＨＫしかありませんでした。ＲＣＣでナイターオフにやっていたのが『ジューケンキャンパススタジオ』。僕が聴いている頃は、現在朝のワイド番組を担当されている横山雄二さんがパーソナリティをしていました。この番組との出会いは大きかったです。

放送部の大会が近づいたら、ＲＣＣやＮＨＫ広島放送局のスタッフさんが直接指導してくれるセミナーが開かれるんですけど、僕が高校1年生の時の講師がＲＣＣのプロデューサーの方で、番組制作のヒントやノウハウを教えてくれました。その方が『ジューケンキャンパススタジオ』を担当していて、「良かったら見学に来なよ」と誘ってくださったんです。それで友人と3人でＲＣＣを訪問したんです。

生放送のスタジオを見たのはそれが初めて。現場を生で見て、「こうなっているんだ」という発見もありましたし、賑やかな雰囲気にも刺激を受けました。その時に感じたのは「楽しそう」の一言に尽きます。ラジオで聴いているだけでも楽しいんですけど、中に入ったらさらに楽しい世界があるんだなって、単純にワクワクしました。実は帰り際にもらったキューシートを今も大切に取っているんですが、この時のスタジオ見学が僕のその後の進路に繋がる出発点になっています。

もう一つの地元局の広島FMには、当時、『J-POP SUPER COUNTDOWN』という音楽番組があって、曜日毎に違う切り口で集計したランキングを発表していました。そこで紹介したランキングの総合チャートを週末の『JOGU歌謡ヒットチャート』で発表していて、この番組は広島の中心街にある家電量販店の最上階にあったサテライトスタジオから生放送していました。

たまに、「自分がかけたい曲のCDをサテライトスタジオまで持ってきたら、番組に出演してディスクジョッキー体験ができる」という企画をやっていて、それで僕もかけたいCDを持っていって、2回ほど出演した経験があるんです。

最初にかけてもらったのは荒井由実さんの「やさしさに包まれたなら」でした。2回目はヒップホップグループのEAST END。当時はアイドルの市井由理さんを加えたEAST END×YURIとして流行っていたんですが、〝自分は音楽をよく聴いてまっせ感〟を出したくて、EAST ENDのインディーズ盤を持っていったんです（笑）。週末になると、このサテライトスタジオに足繁く通っていましたね。

遠距離受信で聴いたEAST END×YURIの『オールナイトニッポン』2部

当時、毎日3、4時間はラジオを聴いていたと思います。通学中も録音したテープを聴いていましたね。『ジューケンキャンパススタジオ』や『J-POP SUPER COUNTDOWN』はわりと夜の浅い時間帯の番組で、学校から帰宅して聴く感じ。ラジオの楽しさを地元の局から受け取って、そこからちょっとませた気持ちも芽生えてきて、全国放送の『オールナイトニッポン』を熱心に聴くようになりました。RCCでは1部しか聴けず、深夜3時からは『走れ！歌謡曲』（文化放送）が流れていました。

よく聴いていたのは福山雅治さんとユーミン（松任谷由実）で、音楽好きだったからアーティスト中心でした。福山さんはシモネタも言うし、深夜の王道を行く感じ。ユーミンは、日曜日の朝に新聞配達のバイトをやっていたので、番組を聴き終わったら配達所に行くというサイクルがありました。

ある時、周波数を「1242」に合わせると遠距離受信できることに気付き、『オールナイトニッポン』の2部も聴くようになりました。一番ハマっていたのは先ほど話に出てきたEAST END×YURI。あまりにも好きすぎて、最終回にはもみじ饅頭をニッポン放送に一方的に送った思い出があります（笑）。

地元の番組と違って、『オールナイトニッポン』のパーソナリティは東京で活動している人たちだから、トークの中に東京の感覚とか、東京のキーワードがたくさん出てくるんですよね。今でも覚えているのが、ファミリーレストランのデニーズ。当時の僕はその存在を知らなくて、それが何かわからなかったんです。まだインターネットもないから、調べようがなくて。上京して、江古田でデニーズを見て、「これだったんだ！」と繋がりました。

福山さんの『オールナイトニッポン』は、僕が上京する時にいったん終わるんです。当時、福山さんはラジオ以外の仕事をセーブしていたんですが、リスタートするタイミングで番組も終わることになって。福山さんも次に向かおうとしているんだなって、進学する自分を重ねて聴いていたりもしたので、青春時代のラジオとして印象に残っています。

全国放送ということで言うと、『赤坂泰彦のミリオンナイツ』（TOKYO FM）も高校3年生の秋に終わったんです。同級生にもリスナーが結構いて、学校で共通の話題になる番組でした。番組が終わって、「明日からどうすればいいんだ？」という喪失感を初めて味わったのはこの番組です。今から考えると、聴いた回数や時間はさほど多くないんですけど、あれだけショックを受けたのは、それだけ10代の時間が濃いからなんでしょうね。

ラジオから離れていた上京後の大学生活

部活をしたり、ラジオを聴いたりする毎日の中で、今後の進路を考えるようになり、〝自分が一番やりたいこと〟を突きつめていったら、自ずと出てきたのが「ラジオの制作がしたい」という思いでした。放送関連の勉強ができる大学を探すと、日本大学藝術学部放送学科が見つかって、それで進学を決めました。投稿したことはありましたが、ふつおた（普通のお便り）や曲のリクエストぐらいで、ネタ投稿をした記憶はないんです。構成作家を目指すのではなく、ラジオディレクター志望でした。

もう一方で学校の先生になりたいという気持ちもあったので、大学受験は教育系と日藝の放送学科の二択でした。それで、日藝の試験が最初にあって、他の大学を受験する前に結果も出たんです。合格したら気が抜けてしまって……その後に受験した大学はどこも不合格。結果的に唯一合格した日藝に進学しました。

東京に上京して、まず放送局の数が多いことにびっくりしました。日藝に入ってラジオの勉強を始めたら、聴く番組も広がりそうなもんですけど、大学1、2年の時はそれほどラジオを聴いていませんでした。高校時代よりも減り、ラジオ離れと言っていいくらいでした。

いくつか理由はありますが、大きかったのは生活サイクルの変化かなと。一人暮らしを始めて、アルバイトもあるから夜は聴く時間がないし、サークル活動に時間をかけて、みんなと一緒に遊ぶことも増え、ラジオと接触するチャンスが明らかに減ってしまったんです。

それこそ高校時代にはファミレスに行ってみんなで過ごすなんて経験はなかったんです。地元にはそういったたまり場はほとんどなかったので、カルチャーショックでした。東京の人からするとごく当たり前かもしれませんが、やっぱり東京に住む同世代の感覚って全然違うんだなあと驚きましたね。

ラジオの勉強が本格的に始まるのは2年生からで、1年生は専門的なことよりも一般教養中心でした。当時は2年生から実習がスタートしていたんですが、授業ではラジオドラマの制作を中心に勉強していました。それを入学してから知ったので、「自分が思い描いていた授業内容とは全然違うんだ⁉」と思いましたが、番組作りはコミュニティFMのボランティアスタッフだったり、部活のほうでやっていました。

3年生からは実習と併せて、ゼミに入って卒業論文を書く課程に進んだんですが、番組研究を始めたのはこの頃です。インターネットが普及し始め、番組でもメールで投稿を募集したり、インターネットを活用したりすることが増えていました。そこに注目して、WEBを積極的に取り扱っている番組を聴くようになり、それまでほとんど触れてこなかったTBSラジオや文化放送、J-WAVEを聴くようになりました。研究活動という、それまでにないきっかけから新しい番組と出会っていったんですね。

今はリスナーよりも研究者視点で聴いている

大学卒業後、就職活動が実らず、師事していた先生から声をかけられて放送学科の研究室に任期制の副手として勤めることになりました。ある時、「教える道も考えてみないか？」と先生におっしゃっていただき、20代半ばで教員になることを目指そうと決めました。先ほど話したように、過去に教師を目指していた自分もいたので。大学教員になれたら、ラジオも教えることができると思い、そこは意外と迷いがなかったです。ただ、制作現場への道からは外れてしまうことに寂しさを感じました。この先そこにたどり着くことはないだろうなと。

でも、その後、産学連携（教育機関と民間企業が連携して行う事業）で番組制作に携わる機会を得たりと、今はラジオにいろんな形で関われています。教員もやっているし、作る機会もあるし、リスナーでもいられるから、幸せです。

最近は通勤中や研究室での作業中にラジオを聴いています。コンクールの審査でたくさん聴かなきゃいけない時もありますし、聴く量としては今が一番多いかもしれません。

番組研究を始めてからはリスナーとしてよりも、研究者視点で聴いている部分が強いと思います。向き合い方が変わり、視野が広がるきっかけにはなりましたが、単純にリスナーとして楽しむ感覚は減っているんじゃないかと。どこか俯瞰的に接するようになっているんだと思います。

自己分析すると、ラジオとの関わり方が大きく三つあって。純粋なリスナーとしての自分と、研究者としての自分、そして制作者としての自分もいるんです。その三つの立ち位置をその時々で変えながらラジオと接しているというのが今の自分なのかなと。あまりにも好きという気持ちが強すぎると、頭でっかちになって良いものが作れなくなってしまう気もします。自分が作るものを客観的に見ることができて、フラットに学生を指導できるように、「あまり好きにならずにいよう」「のめり込まずにいよう」「客観的な視点を保てるようにしておこう」と思っているところもあります。

研究にあたっても、その番組だけを熱心に聴いていると逆にわからないところも出てきてしまう。例えば、「タイムテーブルの中ではどう見えるんだろう」とか、「この放送エリアで見た時にどうなんだろう」とか、一歩引いて見る必要が少なからずあります。つかず離れずみたいな感じなんでしょうね。

「三つの立場のうち、どれを選びますか?」と選択を迫られたら、純粋にリスナーでいたいという気持ちが強いです。それが一番楽しいのは原体験で知っているから、リスナーとしてラジオと一緒に過ごしていけるんだったら、そんなに幸せなことはないだろうなって。でも、職業的に自分がやっていることを考えると、そういう接し方だけを選ぶのは残念ながらできない。だから、純粋にリスナーでいられる人を羨ましく思う時もあります。

◎私が思うラジオの魅力

人を知ることができるところ

番組内で語られる様々なエピソードやその時の気持ちから、人を知ることができるところだと思います。もちろん音楽との出会いや生活情報を得ることもあるんですけど、個人的な原体験としては、「こんな人もいるんだ」と感じたことが大きくて。たくさんの番組を通じて、人を知ることができるのが最大の魅力になるんじゃないかなと。

テレビと比べて、ラジオは生活者が出てくるのが大きく違うところだと思うんです。普通の生活を送っている人たちが投稿してきた文章をパーソナリティが声にして伝えてくれるし、それこそ電話出演で生の声も聴ける。会ったこともない人なんだけど、なんとなく「こんな顔をしているのかな?」なんて表情が浮かんでくる時もあって、そういう楽しさもありますね。

『ジューケンキャンパススタジオ』を巡る奇跡の縁

聴いていた番組のパーソナリティやスタッフの方と大人になってから再会できたのは、僕にとって大きな出来事です。日藝で働くようになり、2004年に放送批評懇談会に入会して、ギャラクシー賞の選考に何度か関わったんですが、そこで思ってもいない再会がありました。

高校時代に聴いていた『ジューケンキャンパススタジオ』には横山雄二さんの横で笑い声を出しているM井さんという謎の出演者がいました。この方はディレクターやプロデューサーをされていて、制作した番組がギャラクシー賞に入賞されたんです。今のように表彰された番組が再放送されることがまだそうない頃で、少しでも多くの人に番組を知ってもらおうと同会が主催する「入賞作品を聴いて、制作者と語り合う会」に関わっていたんですが、終了後の懇親会で「RCCの増井威司さん」という名前を見かけて、ふと思ったんですね。ひょっとして、増井さん＝M井さんじゃないかと。それで終了間際に思いきって話しかけて、「僕は広島出身で、『ジューケンキャンパススタジオ』という番組を聴いていたんですが、もしかしてM井さんですか？」と質問したんです。そしたら「そうです」と明かしてくださって、そのあとも何度か贈賞式でお会いする機会があり、「広島に帰ってきた時は見学に来てくださいよ」と言ってくださったんです。

お言葉に甘えて、帰省した時にＲＣＣを訪問したら、高校時代のスタジオ見学以来、何十年かぶりに横山さんとも再会することができて。当時もらったキューシートを持って行ったら、「再会をする機会はいろいろあるけど、当時の思い出の品を持ってきた人と会うのは初めてだ」と喜んでくれました。その後、２０１４年に横山さんがギャラクシー賞のＤＪパーソナリティ賞を受賞された時は、元リスナーとして感慨深いものがありました。

番組を聴いていたのは95、96年頃のわずかな期間だけ。ナイターオフに放送していた『ジュークケンキャンパススタジオ』も90年代後半には終わっていましたし、僕も上京してから広島の番組と接触する機会はなかったわけですよ。でも、不思議なもので、時間を経て繋がりができた。ラジオってそういうことが多くて、そんな展開になるなんてまったく思ってなかったのに、まるで奇跡のようにいろんなことが繋がってくるんですよね。縁で結ばれていく感覚がある。それが自分の中では心が震える体験でした。

高校時代に聴いていた『ミリオンナイツ』に関しても印象に残る思い出があります。日藝に入学してから、サークルの同級生たちとラジオの話になって、「何を聴いてた？」って確認したら、みんな『ミリオンナイツ』だったんですよ。夏に合宿に行った時、夜に『ミリオンナイツ』の最終回を録音したテープをみんなで聴いたんですけど、それぞれ思い出話がたくさん出てきて、その時に改めてこの番組の偉大さを知りました。

番組が終わって数年経ったあとに、その番組について盛り上がるという体験はもちろん、当時リスナーだった人たちと県を越えて繋がれたのもその時が初めてでした。こういう感覚や巡り合わせってラジオ特有の部分がありますよね。なんて言葉にすればいいのかわからないですけど。

◎特にハマった番組

高校時代に聴いていた『オールナイトニッポン』

「これが自分の中でのナンバーワンです」と言い切るのは難しくて。切り口によって変わってくるじゃないですか。でも、トータルで考えると、『オールナイトニッポン』になるかもしれません。誰のものかと言うと、決めがたいですが、一番濃いのは高校時代に聴いていたものになってしまいますね。

『オールナイトニッポン』で言うと、2021年に日藝100周年を記念して産学連携のプロジェクトとして企画された立川志らくさんと黒島結菜さんの『オールナイトニッポン』にそれぞれ関わらせてもらったんですが、とても貴重な経験でした。

大学にレポーターとして三遊亭白鳥さんがやってきて、教室に学生を集め、日藝と有楽町を繋ぐ企画をやったんです。その時に大学側のスタッフとして関わりました。まさか自分の大学と『オールナイトニッポン』がコラボするなんて思ってもいませんでしたが、高校時代から聴いていた番組に関われたのは夢のようでした。

◎印象に残る個人的な神回

『ナインティナインのオールナイトニッポン』の復活劇

これも『オールナイトニッポン』になるんですが、心が震えたことにも繋がると思うんですけど、２０２０年5月の『ナインティナインのオールナイトニッポン』の復活劇ですね。いちリスナーとして、こんなに凄い瞬間を生で聴いてしまった喜びとか、ナイナイの『オールナイトニッポン』がまたここから始まる嬉しさとか、いろんな感情がグチャグチャに混じり合った瞬間でした。

『ナインティナインのオールナイトニッポン』は社会人になってから熱心に聴いていた時期があるんです。イマジンスタジオで行われた番組本の即売会に参加したこともあります。一時とはいえ熱心に聴いていたから、それなりの思い入れがあったんです。

岡村（隆史）さんの失言騒動が起きた時は、コロナ禍の最初の頃で、世の中的にも沈んでいる時期でした。あんなに長くパーソナリティをやっている方が難しい局面に立たされて、騒動直後の放送は「今日は何を話すんだろう？」と気になりましたね。実際に聴いたら、岡村さん一人の時間が続き、これはつらいなあと。この調子でどうなるんだろうと思っていた時に、矢部（浩之）さんがスタジオに入ってきて。その後、ナイナイが正式に復活することになりましたが、この時のような感情を味わうことはあとにも先にもないかもしれません。

◎ラジオを聴いて学んだこと・変わったこと

時間を積み重ねて見えてくるものがある、ということ

逆説的かもしれないけど、「伝えることの難しさ」かもしれません。先ほどの「人を知ることができる」という話にも通じるんですが、時間を積み重ねて、累積していくことで、ようやくいろんな思いが伝わり、人がわかってくると思うんです。

リスナーから生活の中で感じたことが番組にたくさん集まって、それに呼応してパーソナリティも「私はこう思う」という意見を出す。そうしていろんな人の考えに触れて、「人を知ることができる」わけですが、一つの発言だけでは何も見えてこないのも事実なんですよね。毎

日放送している番組でも、パーソナリティは人間だから、その時々で様々な思いに駆られるわけで、聴き続けていくことで、その人が立体的に形作られてくる。だから、1回だけではわからない、時間を積み重ねて見えてくるものなんだと思います。

人付き合いでもそうだと思うんですが、関係を切ってしまうのは簡単だけど、切ってしまうとそこですべてが途絶えてしまい、その人のことがわからないままになってしまう。しばらく関係を持ち続けて、自分なりに考えていく必要があるじゃないですか。そういう感覚を教わったかもしれません。思慮深くなったというか、ちょっとした胆力もラジオから身についたかもしれませんね。

◎私にとってラジオとは○○である

私にとってラジオとは「大河」である

大河……つまり大きな川だと思うんです。NHKの『大河ドラマ』もまさしく壮大な物語ですが、僕にとってのラジオも一つひとついろんなエピソードが流れていて、最初は細い川だけれど、段々といろんなものが混じり合い、大きい太い流れになっていく。そんなイメージがあります。

川の流れに乗っていくうちに、いろんな人と合流していく。一人ひとりの物語が結びついていく感覚がラジオだなって思うんですよね。先ほど話した、リスナーとして出会った番組と数年後に再び巡り合うのも大河の流れのような感じがして。

川を流れていく中で、その時々に周りの景色も変わっていくじゃないですか。広島の風景から始まり、大学に進学して東京に出てきて、今はさらに他の地域の景色も見えてくる。じゃあ、大河の最後で大海原に出てどうなるんでしょうと（笑）。これから先、ラジオを聴き続けていく中で、「今、海原に出たな」という瞬間が巡ってくるのかもしれませんね。

最初は「縁である」とか、「魔法のようなものである」とか、いろいろ考えたんですけど、自分の中で「大河」が一番しっくり来るなと。ある意味、この質問は永遠のテーマというか。年を重ねてくると、違う言葉になるかもしれないけど、今のところは「大河」だなと思います。

コラム9

ラジオ業界への道

狭き門でも入口は様々

中高生リスナーが将来の進路を考えて、「ラジオ業界に入りたい」と決意した時、茅原良平さんが教授を務める日本大学藝術学部放送学科が選択肢の一つに必ずと言っていいほど挙がる。ラジオを学べる数少ない4年制の大学で、実際にラジオ業界で活躍する卒業生（中退も含む）も多いからだ。

放送学科からはラジオのスタッフはもちろん、各局のアナウンサーも輩出。放送作家の高田文夫、脚本家の宮藤官九郎、声優の小野大輔、落語家の春風亭一之輔などパーソナリティとして活躍する人材も生んでいる。80～90年代に絶大な人気を誇った小森まなみも放送学科出身だ。現在、ＴＢＳラジオで番組を持っている爆笑問題や本仮屋ユイカなど、放送学科出身以外にもパーソナリティが多いのは特徴と言えるかもしれない。

茅原さんやブタおんなさんの証言からもわかるように、インターネットがない時代のラジオ好きは特に日藝に惹かれた。かく言う私もその一人。高校で放送委員会に所属していた私はなんとなくミキサーを志望した一方で、「日藝に入るのもいいんじゃないか？」と考えたことがあった。

最終的に「自分ごときがラジオ番組を作れるわけがない」「ラジオに関われるほど自分は面白くないし、才能もない」という思春期リスナーが陥りがちな〝ネガティブな自意識過剰〟に飲み込まれ、日藝を志望校から消してしまった。もし受験して合格していたら、茅原さんと先輩・後輩として放送学科で出会っていたかもしれない。以前、茅原さんに声をかけていただいて、放送学科の「ラジオ史」の授業で登壇した時はとても感慨深かった。

4年制の大学ではなく、専門学校という選択肢もある。ラジオや音響に関わる専門学校は多数あり、学校法人ではないが、文化放送が運営するA&Gアカデミーのような養成所もある。ちなみに東放学園専門学校では、今回の本で話を聞いている構成作家の伊福部崇さんがゼミを持っている。

ただ、大学や専門学校でラジオを学んだ人しかスタッフになれないわけではない。インタビューをした学生リスナーがのちにラジオのスタッフになった例はいくつかあるが、まったくラジオと関係のない学部出身の人もいた。今はラジオのサークルで番組作りを体験したり、個人的にラジオ番組を配信したりする手もある。大学生になってからラジオ界を志しても、決して遅くはない。

構成作家の場合は他のスタッフと状況が異なる。大学や専門学校以外の道筋として、芸能プロダクション等の養成スクールが加わる。また、お笑い芸人を経て作家になる形もあり、佐藤満春のように芸人と作家を兼任する例もある。

ラジオを聴いていない方は驚かれるかもしれないが、ハガキ職人から作家になるという昔ながらのルートもいまだにある。番組に投稿しながら、作家になりたいことをアピールしていると、サブ作家の欠員が出たタイミングで番組側から声がかかって、放送局で働き始める……というドラマティックな形は数少ないけれども残っている。一般人として知り合ったリスナーがこの流れに乗って作家になったことも実際にあった。

就職という形でラジオ界に入るとしても、放送局と制作会社では条件は違ってくる。今は情報がたくさんあるので、入念にリサーチすることをオススメしたい。ラジオ界の苦しい現状を考えると、今は求人が少なくかなり狭き門。「この時代に放送作家に向いている人は放送作家になんてならない」というシビアな意見を聞いたこともあるし、いくらラジオが好きでも、ラジオだけにこだわっていられる状況ではない。それでも挑戦しない理由にはならない。

リスナーからディレクターや構成作家になった人たちを何人も取材してきたが、共通するのは「なりたいと思ったら、すぐに動き始める行動力」。周りにどう思われようが気にせず、自分の気持ちに正直なまま行動した人が多かった。ラジオ界を志望する人たちは学生時代の私のような〝ネガティブな自意識過剰〟には飲み込まれずに臨んでほしい。

ただ、個人的には〝自意識過剰〟に飲み込まれたリスナーたちの経験談も聞いてみたいのが正直な気持ち。将来、読者の中で幸運にもラジオのスタッフになれた方が出てきたら、いつかこの文章を思い出し、「あの本の著者に番組本をお願いしよう」と依頼してほしい……という切実なお願いでこの項を終わりとする。

ハンドルネーム

及川ユウ

女性／23歳（2000年）／埼玉県出身／大学生

ああ、面白かった。じゃあ寝よう

日本大学藝術学部の教授や卒業生を取材したのならば、現役生の話を聞かないわけにはいかないだろう。及川も先輩たちと同じようにラジオを仕事にしたいと考えて、日藝の門を叩いた大学生だ。今は新しいメディアが次々と生まれ、ラジオのあり方が揺れ動いている時期。かつてのようにただ真っすぐにのめり込むのも難しいし、それを仕事にするのも一筋縄ではいかない。リスナー歴は短いが、彼女の中でもラジオのあり方が揺れている。

卓上ラジオで聴き始めた文化放送の声優ラジオ

小学校高学年の頃なんですが、誕生日に父親からiPod nanoをもらったんです。そこには親の趣味で曲が突っ込まれていて、その中にａｉｋｏさんの『まとめⅠ』『まとめⅡ』があって。ベストアルバムなんですが初回限定盤だったので、特典CDに収録された『ａｉｋｏのオールナイトニッポン』（ニッポン放送）も入っていたんです。それが最初に触れたラジオでした。両親がａｉｋｏさんのファンだったわけでもなく、たまたま曲がｉＰｏｄに入っていただけで、私もそこでラジオにハマったわけではなく、「ああ、この人こういう喋りをする人なんだ」「面白いなー」と思っただけでしたね。

自分からラジオを聴くようになったのは中学2年生の時です。中学に入ってから、友達に勧められて深夜アニメを見始めて。そこから声優さんの存在を知り、自分から詳しく調べるようになって、「声優さんたちってラジオをやっているんだ」と知りました。

何を思ったのかわからないんですが、すでにradikoはあったはずなのに、親に「ラジオが欲しい」とお願いしたんですね。それからは据え置きのラジオを使い、電波を介して、文化放送の声優さんのラジオを聴くようになりました。当時からアニメと連動したＷＥＢラジオはありましたが、あまり認識していなかったので、あくまで実機で聴いていました。

きっかけは思い出せないんですけど、声優の神谷浩史さんに興味を持ちました。それで神谷さんと小野大輔さんがやっている『(神谷浩史・小野大輔の)Dear Girl〜Stories〜』(文化放送)を聴くようになり、普段の喋り方や好きなものも知って、より好きになりましたね。

最初に聴いた『DGS』はイベントが終わった直後の回だったので、お二人でその感想をワイワイ言いながら話していたのを覚えています。それまではアニメのキャラクターとして演技をしているカチッとした喋りしか知らなかったんですけど、ラジオはオフに近い状態のトークで。普段のテンションを知ることができて、面白いなって思いました。固く言うとそんな感じで、実際は単純に「おもしろ!」と感じただけなんですけど(笑)。

それから『DGS』を中心に、文化放送で声優さんが出ている他の番組も聴くようになりました。radikoだったら簡単にオンオフができますけど、据え置きのラジオだったので、スイッチを入れたまま流しっぱなしにすることが多かったんです。そうすると、自然にそのあとの番組が聴こえてくるので、「次はこの人が喋っているんだ」と聴く番組が増えていった感じですね。文化放送だけをとにかく聴く、そんなリスナー生活でした。

土曜日の夜は『(A&G超RADIO SHOW)〜アニスパ!〜』を聴いて、『(A&Gメディアステーション)こむちゃっとカウントダウン』を聴いて、『田村ゆかりのいたずら黒うさぎ』

を聴いて、そのあとに『DGS』もあって。そのまま深夜3時、4時までぶっ続けで聴いていましたね。『DGS』以外の番組も面白かったですし、アニメや声優系の話題が多かったので、違和感なく楽しめました。

当時、周りにアニメ好きの友達はいましたがラジオはほとんど聴いてなかったです。アニメが好きな人はアニメが面白いから見ているだけで、キャラクターが好きという段階で終わってしまう場合が多いんですよね。そこから声優が好きになれば、頑張ってラジオまでたどり着く人がいるんでしょうけど、その前に無数のふるいにかけられるので。

この時点で「私はラジオが好きだ」という自覚はありました。同時に「もうみんなが聴かないんだったらいいか」という気持ちにもなっていて。勧めると最初は「面白そうだね」って興味は持ってくれるんですけど、そこから毎週聴くようになるまでは全然いかなかったですから、それはそれとしてもういいやと。私はラジオを聴くけど、「他の人たちは〝アニメ作品〟が好きなんだ」という割り切りはありました。なので「私だけが知っている」という感覚もありましたね。

ラジオファンになっていた高校時代

高校生になる頃には声優ファンという枠をはみ出してラジオファンになっていました。ただ、文化放送から出ることはなかったです（笑）。他局を聴く取っかかりがなかったし、他のリスナーとの繋がりがなかったので、結局、文化放送オンリーでした。アニメや声優系専門のWEBラジオもまったく聴いてなかったです。

その頃から平日の深夜ラジオにも手を出すようになりました。相変わらず文化放送だけでしたが、男性声優さんがパーソナリティの『ユニゾン！』が始まったので、それを聴いていましたね。そのあとの『リッスン？2－3』や『走れ！歌謡曲』も聴き続けて、朝の『おはよう寺ちゃん　活動中』までたどり着く日もありました。『走れ！歌謡曲』は世代の違う曲ばかりがかかっていましたけど、「この曲っていいじゃん」なんて思っていました。

そんな生活を送るようになったのは、ラジオが面白かったのもあるんですけど、他にやることがなかったという部分もあります。中学時代は部活に入っていたんですけど、みんなで何がなんでも団結しなきゃいけない感じに違和感があり合わなくて、3年生まで頑張ってみたけれど、途中で行かなくなってました。

その後、高校受験に失敗して希望していない学校に入ったんですけど、高校でも始めは人間関係が上手くいきませんでした。仲違いした子がいたのが最初のきっかけなんですけど、学校全体が体育会系っぽい明るいノリだったのも大きいです。クラスの大半は深夜アニメを見ない人たちで、漫画と言っても主流は『（週刊）少年ジャンプ』という感じ。そもそもそれぞれの趣味や部活のグループに分かれていたので相容れる感じではなく、仲良くはなりませんでした。

そんな時に深夜ラジオを聴いていたので、いつも「今、寝なかったら、明日が来ない」なんて気持ちになっていました。このまま起きていたら、今日が永遠と続いていく。明日とにかく学校に行きたくないから今日を延長しまくろう、と本気で思っていましたね。なので、留年するほどではないにしろ、高校は休みまくっていました。先生たちには「授業態度こそいいけれど、出席日数がなあ……」なんてぼやかれていましたよ。そのぶん、リスナー生活は充実していましたけど（笑）。

高校2年生になってある委員会に入れられた時に、ようやく趣味が合う人たちと出会い、アニメ好き、声優好きがこの学校にいたんだと気付いて、気持ち的にはかなり元気になりました。1年生の時は本当にキツかったです。その時にラジオがあったのは大きかったですね。

『ユニゾン！』が始まった時は、声優さんが平日深夜に生放送の帯番組をやることに驚きがありました。主に聴いていたのは、月曜日の関智一さん。シモネタが多くて、文化放送のマスコットキャラクター・キューイチローと戦っていたのをよく覚えています（笑）。

『ユニゾン！』は同時に動画配信をしていましたけど、私は「ラジオ＝音声」と思っていたので、音声だけで楽しもうって意地になっていましたね。据え置きのラジオで聴くところから入ったので、視覚的な企画があっても動画をアプリで追おうとは思いませんでした。

そういう意味で言うと、『走れ！歌謡曲』のほうが自分に合っていました。オーディション に受かった人がパーソナリティとして頑張っていく流れだったので、新人アイドルを応援する ような感覚で。リスナー層は私より年上中心でしたけど、楽しく聴いていましたね。この番組 の開始時間（午前3時）であいさつが「おはようございます」に切り替わるので、私も「おは ようございます」と返していました（笑）。

芸人ラジオの衝撃

相も変わらず文化放送だけを聴き続けていたんですが、それ以外を聴き出す転換点があった んです。当時、我が家では朝日新聞を取っていたんですけど、２０１８年2月にＴＢＳラジオ の広告が入っていたんです。

「聴取率99期連続トップ」という文字が目に入り、ここでようやくＴＢＳラジオとやらの存 在を意識して、「なんだ？ ＴＢＳだと⁉」となって（笑）。その時点では聴取率の順位なんて まったく知らなかったので。それまでは声優さんの番組でも、ＴＢＳラジオやニッポン放送を 聴いたことがなかったんです。

広告には番組表が付いていたんですけど、その週がちょうどスペシャルウィークだったので、とりあえず『JUNK』（TBSラジオ）を全曜日聴いてみました。まんまとミイラ取りがミイラになって、「メチャクチャ面白いじゃん！」と（笑）。芸人さんのラジオは新鮮でしたね。こんなに笑えて面白いものがあったんだと。『おぎやはぎのメガネびいき』はただただ餃子を食べる放送だったのを覚えています。

一方で文化放送の深夜帯は動画の同時配信を続けていて、「これは別に地上波のラジオ番組じゃなくてもいい」「私の求めているラジオ像とは違う」と思うようになり、聴かなくなっていたんです。リスナーの大半はラジオ好きというよりパーソナリティの声優さんのファンでしたし。そこに代わって『JUNK』が入ってきた感じですね。

ライブに行くほどではないですが、『エンタの神様』から脈々とお笑い番組を見て育ってきた世代なので、テレビでバラエティ番組はよく見ていて、『M－1グランプリ』もチェックしていました。家庭内ではアニメやオタク趣味がバカにされていたのでアニメはコソコソ見ていたんですけど、お笑いは家族みんなで見ていましたし。

最初は『バナナマンのバナナムーンGOLD』にハマりました。聴きやすいし、いつ聴いても変わらないのがいいですね。土曜日の『エレ片のコント太郎』も聴いてました。

回数を重ねていくと、『伊集院光　深夜の馬鹿力』と『爆笑問題カーボーイ』中心になり、今は月曜日だけを聴き続けています。伊集院さんは高校を中退しているじゃないですか。そういうひねくれた感じが私にフィットしたんだと思います。『JUNK』を聴き始めた時はちょうど浪人していたので。

『JUNK』に出会う前から、私は日本大学藝術学部の放送学科に進学しようと思っていました。将来、ラジオに関わる仕事がしたい……というか、逆に言えば、他に興味がなくて、ラジオしかないと思ったんです。父には「専門学校でもラジオは学べるし、そっちでいいんじゃない」と言われましたが、母からは「大学に行っておいたほうがいいよ、大卒でしか受けられない会社がいっぱいあるから」と言われていたので、「じゃあ、ここしかない」と消去法で日藝に決めました。

ラジオに関わる仕事として最初にイメージしたのは構成作家です。どの番組でも担当の作家さんの名前はたびたび出るのでリスナーとして身近ですし、制作陣の中では一番存在がリアルに感じられたんですよね。放送の中で笑い声が聴こえてくるし、番組を作っている人ですから。あまり知識もなかったので漠然とした印象でしたけど、ラジオに何かしらの形で関われたらいいなと思い、日藝を目指すようになりました。

投稿はまったくしてなかったです。運試し程度にプレゼント企画とか、『深夜の馬鹿力』のカルタ投票とか、それくらいで。日藝進学を考えた時点ではまだ『JUNK』を聴いてなかったので、ハガキ職人から構成作家になるイメージもありませんでした。声優さんのラジオだと、一つの番組で読まれるメールは比較的少ないですから。

芸人さんのラジオだと、基本的にネタコーナーがあるので、たくさんメールが紹介されるじゃないですか。しかも全部ホームラン級の面白さだったので驚きました。芸人さんのラジオってお膳立てがないんですよね。声優さんのラジオは、「CD発売」や「アニメｏｒイベント出演おめでとうございます」みたいなメールが多いですし、レコード会社、ゲームやアニメ関連の会社が提供についているから、もちろんその話題が出てきて。そうじゃない番組も一応あるにはあるんですが。

間接的なプライベートの話はできるけど、シンプルに「今週何があった」という話はあまり聴けないんです。そもそも2本録り、4本録りの番組もあるから、仕方のないことなんですけど、そこまでライブ感がないんですね。でも、『JUNK』だとそれこそ昨日あったことや1週間以内にあったことが話題になる。しかも世間的な出来事じゃなくて、自分自身の身に起きたことを言ってくれるから、普段テレビに出てる人を身近に感じられるところが面白かったですね。

ラジオを誰かと共有しようとは思わない

浪人を経て、なんとか日藝に入学したわけですが、あまりリスナー生活は変わりませんでした。文化放送からＴＢＳラジオに聴く番組は広がりましたけど、結局今もニッポン放送は聴いていないままなんです。ラジオの入り口がａｉｋｏさんの『オールナイトニッポン』だったのに……。もはや自分でもなんで頑なになっているのかよくわかりませんが、中学校時代から逆張りっぽい人生を歩んでいるので（笑）。将来的に今回のインタビューを読んだらこの頑なさが恥ずかしくなるかもしれませんが、私にはこれが青春だったと思います。

大学生になってから、ようやくラジオ業界の勢力図とか、スペシャルウィークの意味とか、きちんとわかるようになりました。大学で勉強してみて、今は自分がラジオ業界に向いていないんだろうなって思います。作り手意識も学んでいて、企画を考える授業があるんですけど、実際にやってみると、現場で求められている斬新で楽しい番組なんて全然思い浮かばないんです。それから『ＪＵＮＫ』を聴くようになり、単純に大学や現場で勉強するだけじゃなく、構成作家になりたいならお笑い芸人になったほうがいいんだろうなって思えてきました。ただ大学で勉強したとしても、それが仕事になるかならないかはまったく別で、当たり前ですけど縁や運も必要じゃないですか。今やラジオ業界への就職はまったく考えてないというのが正直なところです。

ラジオを仕事にはできないにせよ、YouTubeやポッドキャストでラジオをやる人も増えていますから、編集などの部分で趣味程度に手伝えたらなとは思っています。ラジオをやりたくても編集がまったくできない人もいると思いますが、一応ノウハウは学んでいるので、そのお手伝いならできるかもしれないなと。

ここまでお話ししてきたように、私は投稿もしてないし、ラジオで繋がった人はほとんどいないんです。SNSからリスナー同士で繋がって、「今回面白かったですね」と語り合うなんてことも一切やってないので、あまりラジオを共有する意識はないですね。ラジオ友達が欲しいとも思ってなかったですし。

自分の意識の問題なんですけど、親から「いつまでアニメ見てるの?」なんて言われてきて育ったので、ラジオに関しても「あまり表に出しすぎないほうが普通に過ごせるんだろうな」って考えてきたんです。急にここ数年で「推し活」みたいな言い方が出てきましたけど、家庭によるかもしれませんが、以前はあまり理解されませんでしたから。

ラジオ関連でも、SNSを使って好きな番組を勧め合う企画ってたまにありますけど、私はそういうものじゃないと思うんです。好きな人が好きなように聴けばいいと思っていて、こっちから押し付けて相手に引かれるのも嫌ですし。ラジオが一大ブームになって業界が盛り上がるならいいんですけど、そういう企画をやるだけやっても、内輪だけで盛り上がって何も残らないことも多いですし。

そう考えると、己の中で消化し続けるラジオ人生ですね（笑）。大学を卒業して社会に出たら、周りにラジオを聴いている人もいるでしょうし、私より聴いている人もいると思うので、もしかすると繋がりができるかもしれません。ただ、よっぽど価値観が合わないと難しい気がします。声優好き、アニメ好きはたくさんいますけど、テンションが違うんですよね。私がかなり鬱屈している人間なので。

日藝の放送学科に通っていると聞いて、もっと明るくて真っすぐなラジオ好きをイメージしましたか？　私ほどではないですが、意外とそういう人って少ないんです。真っすぐな人はテレビの方向に行ってしまいますね。

◎私が思うラジオの魅力

パーソナリティを深く知ることができるところ

パーソナリティを深く知ることができるところだと思います。今ちゃんと聴いているのは『ＤＧＳ』と『深夜の馬鹿力』くらいなんですけど、やっぱりパーソナリティを知ることができて、そこに興味を持てるから聴き続けているんだろうなと。伊集院さんもラジオを聴く前はクイズタレントのようなイメージで、それこそ〝ウンチクおじさん〟みたいに思っていましたけど、ラジオだと「こんなことまで話しているの？」ってなるじゃないですか。そういうギャップまでラジオだからこそ味わえると思うんですよね。あと、ラジオには安心できる空気感がある。そこも私が聴き続けている理由だと思います。

距離感が近いことを魅力だと考えるリスナーさんもいるでしょうが、私はほどよい距離感があるのがいいなと考えています。距離を近く感じる人は、それこそメールをたくさん送って、番組側とコミュニケーションを取ろうとしているからそう思うんでしょうけど、私は聴いているだけなので。どういう関係を求めるかで、ラジオに感じる距離感も違うんでしょうね。

◎ラジオを聴いて人生が変わった瞬間・感動した瞬間

日藝の放送学科に入学したこと……!?

実は、日藝の存在を知ったのが『ＤＧＳ』なんです。パーソナリティの小野さんが日藝出身で、番組内でポロッと「僕は大学でラジオを学んだ」という話をしていて、それがきっかけで

「ラジオって大学で学べるんだ？　いいじゃん」って。そこから日藝のことを知って調べて、「なるほど放送学科にラジオ専攻があるんだ」と。まあ、その流れで日藝に入学できたのはいいけれど、今はラジオ業界に入ろうと考えてないのが難しいところですね（苦笑）。

リスナーとして、自分的に美化している経験を言うと、『走れ！歌謡曲』を聴いていたら「今日はペルセウス座流星群が観測できます」という話から、島谷ひとみさんの「Ｐｅｒｓｅｕｓ－ペルセウス－」という曲が流れた時。深夜にそれを聴いて、「こんな曲との出会い方あるか!?」「なんてロマンチックなんだろう」って思いました。放送の中で「たくさんの方からリクエストがあって～」という話をしていたんですけど……それくらいの経験しかありません（笑）。投稿経験がないので、申し訳ないですが、人生が大きく変わる経験はないですね。

◎特にハマった番組

『神谷浩史・小野大輔のDear Girl~Stories~』と『伊集院光　深夜の馬鹿力』

『ＤＧＳ』と『深夜の馬鹿力』ですね。『深夜の馬鹿力』はさっき話したように、ひねくれた感じや伊集院さんのギャップが魅力だと思います。

『ＤＧＳ』は企画がラジオとしてぶっ飛んでいるのが面白いんですよね。男性声優に無茶させるラジオって意外とないんです。声優さんのラジオって、椅子に座っていただいて、今日のメールはこちらです、読んでくださいい、ありがとうございました……みたいなある種お膳立てがある場合が多くて。でも、『ＤＧＳ』はパーソナリティ次第の企画が多くて、普通に無茶をさせるんですよ。

私が個人的に印象に残っているのはスムージーを作った回（２０１４年10月11日放送）で。ジャンケンで勝ったほうが用意された具材の中から好きなものを選び、スムージーを作るという企画なんです。神谷さんはブルーベリーやバナナが入ったもので、色はドブ色だけど味は凄く美味しく完成して。一方、小野さんはジャンケンに負けて、具材がゴーヤとピーマンになってしまい、ミキサーが動かないから、さらに恩情で神谷さんの具材の残りのドクターペッパーまで入れると。そうしたら、色はきれいな緑色だけど田んぼの匂いがする青々しい味のスムージーが出来上がるという（笑）。これを映像なしで、音声だけでしっかりと楽しませてくれるんですよね。

よっぽど寛容な声優事務所でも躊躇するような企画をコンスタントにやってくれるのは、本当に面白いなあと思います。さいたまスーパーアリーナや日本武道館でイベントをやっていますけど、毎週のラジオでやっているのと似たようなことをステージ上で大きくやっているだけなんです。そこもいいですよね。

神谷さんと小野さんは番組内でのテンションが本当に合うんだと思います。タイプが違うので聴けば聴くほど、よく最初にこの2人を組ませようと考えたなって感心してしまいます。そこに構成作家さんがいて、プロデューサーさんがいてという座組から生まれる空気感はとても落ち着いていて楽しいから、毎週いい雰囲気でラジオをやっているんだろうなって。

小野さんが伊集院さんを好きだということはあとから知ったので驚きました。私はチラシで知って聴き始めたのに、こんな近くに純粋なリスナーがいたんだって（笑）。不思議な縁を感じます。

◎印象に残る個人的な神回

『爆笑問題カーボーイ』伊集院光の代打出演回

『爆笑問題カーボーイ』で、田中（裕二）さんが休みだった時に、伊集院さんが代打に来た回（2020年9月8日放送）は印象に残っていますね。

初手から面白かったです。普段と同じように太田（光）さんはいきなり伊集院さんに向かって「いやあ、伊勢谷（友介）がさ」とか、「お前、とんかつDJアゲ太郎じゃねえだろうな？」とか言うわけですよ。伊勢谷さんが逮捕された直後でしたから。それで、伊集院さんがアップアップしながらも返して。ずっと『JUNK』をやってきた2人が喋ると、全然レベルが違うんだなって感じました。

太田さんは全方向に容赦なく言える人ですけど、伊集院さんからすると同世代ですし、ある程度気を許せる相手なんでしょうね。太田さんは普通に「おい、ブタ」なんて言っていて（笑）。小学生レベルでお互いバカにし合えていることも新鮮でした。

一応神回は挙げてみたんですが、実はラジオを聴いても笑っているだけで、普段からあまり記憶に残らないんです。「ああ、面白かった。じゃあ、寝よう」みたいな。これもラジオの魅力なんですけど、ラジオを聴いてない人にこの感覚を伝えるのが難しいんですよね。

◎ラジオを聴いて学んだこと・変わったこと

たわいないウンチクが少し増えたこと

全然大したことじゃないんですけど、ちょっと喋れるウンチクは増えたなと思います。それこそ今日、弟が「バイクのレンタルってあるのかな？」なんて言っていたので、「伊集院さんがこの前の放送で話してて……」って教えたんですけど、私にとってはそんなものなんです。「この前、あの人がここに行って、この話をしていたよ」と話して、「へぇ、そうなんだ」と言われて終わり。それでいいと思っています。

◎私にとってラジオとは○○である

私にとってラジオとは「地元」である

先ほども話したように、ラジオには安心できる空気感がありますよね。それは実家のような……ではなく、私は「地元」の安心感だと思ってます。建物が新しくなり、風景が変わっても、空気感は変わらないように感じるのとラジオ番組も一緒じゃないかって。たとえ、放送局や番組自体が変わっても、同じパーソナリティだったら「この人が喋っていたらこんな感じになるなあ」って思うじゃないですか。実家みたいに普遍的で変わらないものじゃないと思うんです。あくまでも地元。地元だったら土地開発される時もありますしね（笑）。

コラム10

アニラジ

独自発展によるラジオ文化

及川ユウさんの証言には声優やアニメに関するラジオの話が出てきた。一般的には「アニラジ」と称されるジャンルで、ちゃんと定義するなら「アニメやゲームを宣伝するためのラジオ番組」となるが、広義としては「声優がパーソナリティのラジオ番組」となる。

日本におけるラジオと声優は縁深い。日本で声優という職業が生まれたのは「ラジオ放送が始まった時」というのが一つの捉え方になる。1925年に日本でのラジオ放送が始まり、ラジオドラマを制作するようになって、声だけの役者が必要になった。当初は舞台俳優が副業的に声優を務め、徐々にその仕事が一般的になっていく。

深夜ラジオ黎明期で圧倒的な人気を博したのがTBSラジオの『野沢那智&白石冬美のパックインミュージック』(通称『ナチチャコパック』)。野沢は海外の映画やテレビドラマの吹き替えで人気を得たので、アニメ中心の現在の声優とは立ち位置が違う。それでも〝声優〟が深夜ラジオの中心に位置していたことは大きい。『ナチチャコパック』は1967年から15年間放送。番組の終了が決まった時にはリスナーによる抗議集会とデモ行進が行われたことからもその人気の高さがうかがえる。また、TBSラジオの夕方帯番組を22年間担当していた若山弦蔵も吹き替えの声優として有名。若山の場合は途中でラジオ中心にシフトしている。

状況が大きく変わったのは90年代。アニメ『美少女戦士セーラームーン』や『新世紀エヴァンゲリオン』などが爆発的な人気を得たのをきっかけに、女性声優を中心にした声優ブームが到来した。同時に声優のラジオによってアニメやゲームの宣伝をする手法が広がり、アニラジが数多く誕生する。最盛期には全国で120番組を超すほどになった。95年から2000年まで『アニラジグランプリ』という専門誌が刊行されていたのも特筆すべき点。ジャンルを絞ったラジオの定期誌は現在においても類を見ない。

この時期からアニラジは独自色を強め、インターネットの発展に合わせて、専門のWEBラジオ局などが多数設立された。〝オタク〟と揶揄されていたアニメや声優のファンも市民権を得るようになり、市場も広がる。同性同士を中心に2人組パーソナリティを作り、番組を通じて関係性を築いていくスタイルもアニラジの特徴的な形。それもファンから支持された。

さらに細かい流れは拙著『声優ラジオ〝愛〟史』(辰巳出版)を読んでいただきたい。「アニラジが一般のラジオ界よりも一歩先に進んでいる」というのが個人的な見解。最近のラジオ界ではイベントやグッズ展開が一般化しているが、アニラジでは90年代から積極的に行われていた。ラジオCDなどの形でアーカイブ化も以前から進んでいるし、インターネットでの配信もradiko誕生以前から当たり前になっていて、お笑い芸人よりも前から「やりたい人がラジオをやれる」状態になっていた。

アニラジでは「映像付きラジオ番組」というスタイルが一般的になっていて、音声媒体と映像媒体の線引きは曖昧だ。最近は声優が地上波のテレビに出演することが増えているのもそれに拍車をかけている。また、放送局を介さず、独自で有料配信するラジオ番組が当たり前になっていて、地上波ラジオの存在感が希薄になっている。媒体の細分化、番組数の増加が止まらず、ファンクラブ的な意味合いが強まり、「ラジオから人気になる声優」「広く話題になるアニラジ」が生まれにくくなっている。お笑い芸人のラジオも後を追うようにそういう要素が強まってきた。

リスナーをインタビューしていると、「アニラジしか聴いてなかったのに、芸人のラジオに興味を持つようになった」「アイドル好きだったのが、声優のラジオも聴くようになった」という声をよく聞くようになってきた。また、声優自身にもラジオ好きが増えて、様々なジャンルの番組を聴くようになっているのも面白い変化。星野源やハライチ・岩井勇気、霜降り明星、マヂカルラブリーといったパーソナリティはアニメや声優のカルチャーに理解があり、親和性が高い。望むと望まざるとにかかわらず、リスナーの間ではボーダレス化は急速に進んでいる。

ラジオにとって声は重要な部分。普段そこまで意識していないけれど、実は自分の聴く番組を選ぶ上で最も重要な要素は声なんじゃないかと最近思うようになってきた。独自進化を続けてきたアニラジだが、今後は閉ざされた中でパイを奪い合うのではなく、一般のラジオリスナーに訴える番組作りが広がると面白いのではないだろうか。アニラジに触れたことがない人は、ラジオにおける声優のポテンシャルに驚くことになるだろう。

ラジオネーム　タク・ヨシムラ

男性／37歳（1985年生まれ）／鹿児島県出身／会社員

夢を諦めた時にわかったこと

リスナーにとって一つの到達点はラジオのスタッフになること。ハガキ職人で言えば構成作家になることだろう。タク・ヨシムラにとってもその思いは同じだった。思い描いた夢が叶うのはドラマティックな物語だが、誰しもがそこから上手くいくとは限らない。途中で脱落してしまう人もいる。そして、夢を諦めたからこそ、ラジオをさらに好きになることもある。新しい視点や価値観に出会った彼のリスナー生活は今が一番楽しそうだ。

10年前の『伊集院光　深夜の馬鹿力』で気付いたラジオの面白さ

もともとは鹿児島県の徳之島生まれで、3歳から12歳までは千葉県の松戸市に住んでいました。その後、両親が離婚して、母親と妹と一緒に大阪府の門真市に引っ越しました。ラジオに出会ったのは大阪時代です。

家族にも友達にもラジオを聴く人はいませんでした。家にラジカセはありましたけど、ラジオの聴き方がわからなかったんです。中学生の頃にラジオの存在を知り、頑張って聴こうとしたんですけど雑音しか聴こえなくて、「そうか……門真はラジオを放送してないんだ」と諦めました（笑）。

初めてちゃんと聴いたのは高校生の頃。L'Arc~en~Cielがパーソナリティの『FLYING-L'Arc~ATTACK』（TOKYO FM）という番組です。『やまだひさしのラジアンリミテッド』内で放送していた箱番組でした。当時、ラルクはミリオンヒットを連発し、アルバムを2枚同時にリリースして勢いが凄かったんです。情報に飢えまくっていた僕は「ラジオが流れない門真だけど、俺は聴くんだ」と決意し、いろいろ試行錯誤して、なんとか聴くことができました。チューニングが合った時はメチャクチャ嬉しかったですね。それからその番組をちょくちょく聴くようにはなりましたけど、相変わらずラジオの聴き方自体はよくわからないし、他の番組にまで興味は広がりませんでした。

状況が変わったのは大学生になった18歳の時。漫画研究部に入ったんですけど、そこで一つ歳上の先輩と仲良くなりました。漫画も描かずに部室でお笑いのDVDを見ているような人で、僕もお笑いが好きだったんでウマが合ったんです。その人に「お前もお笑い好きだったら、伊集院のラジオをチェックしておけ」と言われて、初期の『(伊集院光)深夜の馬鹿力』(TBSラジオ)の音源が入ったCD－Rを貸してもらったんです。

2005年のことなんですけど、渡されたのは1995年の音源。正直、「10年前のラジオなんて聴きたくねえわ」って思いました。でも、信頼している先輩ですし、「そんなに言うなら……」と第1回の放送を聴いてみたら、これがメチャクチャ面白かったんですよね。伊集院さんって文化人的なイメージだったんですけど、毒舌だしハイテンションだし、隙あらばボケを挟んでくる。ラジオが面白いと感じたのは間違いなく伊集院さんのおかげです。

それからは通学の時間に『馬鹿力』の音源を聴き漁りました。10年前の音源も物凄く面白いんですけど、2005年の『馬鹿力』も聴いてみたくなるじゃないですか。でも、当時は関西でネットされていなくて、悔しいなあと思いながら過去の音源を聴く毎日でした。自分でもラジオを聴いてみようとラジカセと格闘するんですけど、やっぱり電波が入らなくて。「全然聴こえねえじゃん」って腹が立った記憶ばかり残ってます。他には漫研にいた同級生から『田村ゆかりのいたずら黒うさぎ』（文化放送）を勧められて、MDに焼いてくれた音源を聴いたのも覚えてますね。

視界が歪み、めまいが起き……投稿が初採用された時の衝撃

大学を卒業した22歳の時に家電量販店に就職しまして、上京して一人暮らしを始めました。生活が落ち着き始めた秋頃、「東京のラジオでも聴いてみるか」とようやくリアルタイムで番組を聴き始めるんです。その時に聴いたのがケンドーコバヤシさんの『（木曜JUNK ZERO ケンドーコバヤシの）テメオコ』（TBSラジオ）でした。

大阪にいた頃からケンコバさんが大好きで、うめだ花月のライブに行ったり、DVDを買ったりしていたんです。新卒1年目で、初めての一人暮らし。しんどいなあと思う毎日を『テメオコ』に救ってもらいました。ただただ、良い意味でくだらなくて、悪ふざけが詰まった番組だったので、聴いている間は現実を忘れられたのかもしれません。通勤中は『テメオコ』のポッドキャストを聴いていたんですけど、電車内で「松たか子目撃情報」のコーナーを聴き、必死に笑いをかみ殺していた記憶があります。ポッドキャストで他の芸人さんの番組もいくつか聴くようになりました。

そんなある日、千葉に一人で住んでいた父親が亡くなったという連絡が来ました。離婚したとはいえ、25歳で父親がいなくなるなんて考えてもみなかったし、いつか会いに行きたいとも思っていたんです。それが叶わず、なんか空っぽになっちゃって……。仕事もつらくなり、3年間働いていた家電量販店を辞めてしまいました。

なんの目標もなくフリーターになったんですけど、ちょうどこの頃、僕に『馬鹿力』の音源を貸してくれた大学の先輩が上京してくるんです。一緒にルームシェアして、ちょっとしたモラトリアム期に突入しました。2人で『馬鹿力』を聴いた記憶もあります。この頃、声優のラジオは短くて聴きやすいことに気付き、『いたずら黒うさぎ』や『(水樹奈々)スマイルギャング』(文化放送)を聴き始めました。当時はアニソンにハマっていた頃で、アーティストとしての田村さんが大好きでした。初めて投稿したのも田村さんの番組です。

昔から『週刊少年ジャンプ』や『週刊SPA!』の投稿コーナーを読むのが大好きで、投稿に憧れがありました。フリーターで暇だし、ラジオにメールを送ってみようと。投稿するにあたって、番組で採用されているネタを書き起こして、研究しました。それで送り始めたら、わりとすぐに読まれましたね。「捨てられない技術」というコーナーでした。

家で掃除機をかけながら録音した音声を聴いていたんですけど、いきなり自分のラジオネームを呼ばれて。その瞬間、視界がグニャーッと歪み、めまいが起きて、ヒザがガックン……みたいな感じになったのを覚えています。「えっ、嘘でしょ?」って。自分のメールが読まれた部分をニヤニヤしながら何度も聴きまくりましたね。

星野源にメールを読まれ、諦めがついた放送作家への道

フリーター時代はコンビニの夜勤をしていたんですけど、残った食べ物をいっぱいもらえるから、食べすぎて太ってしまったんです。さすがに痩せようと思ってジョギングを始めるんですけど、耳が寂しいじゃないですか。そこでナインティナインやオードリーの『オールナイトニッポン』(ニッポン放送)、『おぎやはぎのメガネびいき』(TBSラジオ)を聴き始めました。この時期、本格的にラジオのヘビーリスナーになった気がします。

「ちゃんとしなきゃいけないなあ」と思いつつ、フリーターを3年間続けていたんですけど、昔から興味があったテレビの放送作家になろうと決心しました。先輩とのルームシェアを解消したのもこの時期です。不思議とラジオの作家になろうとは考えていなかったんですよね。テレビの作家ってお笑い好きにとって憧れですし、「テレビもラジオも両方できるんじゃない?」ってぐらいの感覚でした。2013年4月に放送作家養成所に入学し、卒業後は制作会社の預かりみたいな形で、作家見習いとして働くようになりました。BSやWOWOWの番組

企画をプロの作家さんと一緒に考えて、ちょっとお金をもらったり、もらえなかったりという毎日で。正式に社員になれる話もあったんですけど、最終的に採用してもらえず、作家一本では食えないから、並行して派遣の仕事やアルバイトもしていました。

会議で上手く発言ができず、「自分には作家として腕がない」「実力がない」と感じることが増えてきて。何か自分だけの武器を持たなきゃいけないなと。そこで、フリーター時代にやっていたラジオの投稿を本格的に頑張ってみようと考えたんです。発想力を鍛えられるかもしれないし、ラジオの作家になれたらという下心もあったと思います。芸人さんの番組を中心に聴きまくって、リスナーさんの投稿を研究しました。2014年ぐらいのことですね。

投稿に関しては、まずは「年間で100通採用されよう」という目標を立てて、それは4年連続で達成できました。テレビの作家としてはドラマ番組や地方の散歩番組に関わっていたんですけど、「本当はお笑いがやりたいんだけどなあ」という悔しさがあって、それを投稿にぶつけていたんだと思います。そんな日々が数年間続きましたけど、制作会社には入れなかったし、ラジオの作家にもなれなかった。投稿を続けることにも限界を感じました。年齢も30歳を越えていたので、夢に一区切りつけて、2018年に就職をして今に至ります。「何をやっても上手くいかなかったなあ」という挫折感はいまだに残っていますね。

それからはラジオとの付き合い方も変わりました。好きな時に聴いて、好きな時に投稿する。

投稿の目標も立てないので、純粋にラジオを楽しんでいます。投稿を続けているのは『星野源のオールナイトニッポン』だけで、あとは『髭男爵 山田ルイ53世のルネッサンスラジオ』（山梨放送ほか、ポッドキャスト）にたまに送る程度です。リアルタイムで放送を聴くことも少なくなりました。

『星野源のオールナイトニッポン』には音声ネタを投稿する「ジングルのコーナー」があるんですけど、このコーナーに自分は救われました。「俺の居場所はここだ！」みたいな。高校の頃、深夜にアニメを見ながらギターを弾いて曲を作っていたことがあるんですけど、歌はヘタクソだし、発表するのも恥ずかしくて、その曲は封印していました。ジングルのコーナーに送る音源のほとんどはその頃に作った曲をベースにしています。当時は「誰にも聞かせない曲を作って何の意味があるんだろう」と思っていたんですけど、全国のリスナーさんが聴いてくれるし、何より星野さんが笑ってくれる。高校時代の自分が報われた気持ちになりました。

星野さんにハマったきっかけは『（バナナマンの）バナナムーンＧＯＬＤ』（ＴＢＳラジオ）です。毎年、日村（勇紀）さんの誕生日にゲストで来ていたので存在は知っていました。２０１５年に星野さんが『オールナイトニッポン』を単発で担当されたんですけど、当然聴きましたし、投稿もしました。自分の好きな番組で頑張ってくれたゲストって、その番組以外のところでも応援したくなるんですよね。レギュラー放送が始まってからも早い時期に読んでもらい、ありがたいことにコンスタントに採用してもらっています。番組では勝手に体を張って、バカなことをたくさんやってきました。バンジージャンプをしたり、海に飛び込んだり、生放送で電話を繋いで、〇〇〇〇をワニのオモチャにかみつかせたり……（笑）。

星野さんの「恋」を来週の放送で初解禁するという時に、「じゃあ僕は来週までオナ禁します」とメールしたら、「いいね。みんなでやろうぜ！」みたいな話になって。全国のリスナーさんを巻き込むことになりました。あの名曲の裏側で、こんなくだらないことをやっていたなんて考えられないですよね。ちなみに、僕はいろいろあって1ヶ月間オナ禁しました（笑）。

妹の結婚をお祝いするジングルを送ったり、恋愛相談をしたりしたこともあります。自分の人生の出来事を星野さんに聞いてもらっている感覚があって、番組にも愛着が湧いていきました。

「作家になりたい」という欲がなくなるのと反比例するように、星野さんの番組がどんどん好きになって、純粋な気持ちでラジオを聴けるようになりました。星野さんにメールを読まれるほどに、「作家はもういいや。純粋に投稿を楽しもう」という気持ちになっていったのかもしれません。ラジオの作家にはなれませんでしたけど、ラジオそのものを嫌いにならずに済んだのは星野さんのおかげだと思っています。

木更津送信所の前で涙した深夜

今は人生で一番ラジオを聴いていると思います。芸人ラジオが中心ですけど、田村ゆかりさんの番組もいまだに聴いていますし、『安住紳一郎の日曜天国』（TBSラジオ）も好きです。今一番ハマっているのはサラリーマンが主人公のラジオドラマ番組『NISSAN あ、安部礼司～BEYOND THE AVERAGE～』（TOKYO FM）かもしれません。他にも気になった番組やTwitterで話題になっている番組、特別番組もポツポツ聴いていますね。

純粋にラジオと向き合うようになってから、ラジオについてもっと知りたいという気持ちが強くなりました。「TBSラジオの本社って昔は有楽町にあったんだ」とか、そういうラジオの歴史を調べるようになって、休みの日はラジオ関連の聖地巡礼をしています。ラジオの電波を飛ばす送信所にも興味を持つようになりました。「どこから電波は飛んでいるんだ？」という疑問が湧いてきたんです。

電波塔って東京タワーやスカイツリーをイメージするじゃないですか。AMラジオの電波塔は1本の巨大な棒が地面に突き刺さっていて、それをたくさんのワイヤーで引っ張っている形なんですね。実際に送信所に行ってみて、直に見た電波塔はインパクトがありました。デカいし、いろんなワイヤーと繋がっているし、独特な雰囲気があってワクワクするんです。

送信所の近くでポケットラジオのスイッチを入れると、電波が強すぎて、逆に音が歪むんですよ。初めて行ったのがTBSラジオの送信所だったんですけど、本当に強すぎるぐらいTBSラジオが聴こえてきて。文化放送にダイヤルを合わせても、目の前の電波塔からTBSラジオの電波が割り込んでくるんで面白いんですよ。送信所が好きすぎて、一昨年からTBSラジオの送信所がある埼玉県の戸田市で暮らしています。もしかすると、大阪にいた頃に電波で苦しんできた反動なのかもしれません（笑）。

ニッポン放送の木更津送信所に行った時、思わず泣いてしまったことがあります。『オールナイトニッポン』の歴代ジングル集みたいな音源を聴きながら、深夜に電波塔を眺めていたら、「ここから発信している電波を拾ってみんなラジオを聴いているんだな」って実感できて。部屋で一人きりで聴いている人もいれば、車を運転している人もいるだろうし、病院で聴いている人もいるかもしれない。いろんなシチュエーションでラジオを聴く人の姿が頭に浮かんできました。

木更津送信所は1971年から運用しているんですよ。自分の親の世代や、その上の世代も、この場所から飛んでくる電波を受け取り、僕らと同じようにラジオを聴いて笑ったり泣いたりしたんだろうなと想像したら、なんだかグッときてしまったんです。電波ってパーソナリティとリスナーを繋ぐ見えない糸だと思うんですよ。その見えない糸を何十年も作り続けている送信所って尊い場所だなあと感じています。

◎私が思うラジオの魅力

憂鬱な気分が和らぎ、寂しさを紛らわしてくれる

耳だけで楽しめるところが魅力ですよね。朝の支度中とか、通勤とか、家事をする時とかはどうしても憂鬱な気分になるんですけど、ラジオを聴きながらだと気分が和らぐんですよね。しんどいなあって気分を忘れさせるというか。音楽もいいんですけど、ラジオは毎回新しい話題なので、フレッシュに楽しめるところも魅力だなと。

あと、ラジオのおかげで、寂しい気分になったことがあんまりないんですよね。街の中にいると、周りは家族だ、友達だといる中で自分は一人。でも、ラジオを聴いているから全然寂しくない。ずっと賑やかな気分のまま移動している感覚なんです。

たまに一人旅に出かけることがあるんですけど、ラジオがあるから寂しくないんです。のちのち旅行中の写真を見返す時も、その時に聴いていたラジオのことを思い出したりします。例えば長野に旅行した時は、「この打ち上げ花火の会場で、『有吉弘行のSUNDAY NIGHT DREAMER』（ＪＦＮ）をリアタイしたなあ。しかも、花火そっちのけでメールを送ってたな

あ」みたいな。周りは花火を見上げてキャーキャー言っている中で、自分は下を向いてメールを送っていたと（笑）。でも、自分にとっては楽しい思い出なんですよね。いろんな状況で感じる寂しさを、ラジオに紛らわしてもらっていると感謝しています。

◎ラジオを聴いて人生が変わった瞬間・感動した瞬間

アルコ&ピースとラブレターズの〝最終回〟が重なった時の出待ち

『アルコ&ピースのオールナイトニッポン』の1部最終回、『ラブレターズのオールナイトニッポン0（ZERO）』の最終回、それが重なった日（2015年3月27日）の出待ちです。それまでにも何度か出待ち自体は経験していました。

アルコ&ピースは1部の最終回だったんですけど、『オールナイトニッポン0（ZERO）』として続くから、終わりだけど終わりじゃないという状況で。出待ちリスナーさんの寂しそうな、でも嬉しそうな表情が忘れられないです。この時に出会った何名かのリスナーさんとは今でもよく飲みに行きますし、僕は親友だと思っています。

ラブレターズは番組終了後の打ち上げが心に残っています。あくまでもラブレターズのお二人やスタッフさんとは別という形でしたけど、朝5時過ぎに同じ居酒屋に行って。初めて会うリスナーさんも交えてラジオの話をたくさんして、本当に楽しい時間でした。最後にラブレターズのお二人やスタッフさんを含めて、みんなで集合写真を撮ったんですよね。番組の終了自体は悲しいですけれど、最後はみんなで笑顔でお開き。なんだか夢みたいな一晩でした。

『アルコ&ピースのオールナイトニッポン』を題材にした佐藤多佳子さんの『明るい夜に出かけて』という小説があるじゃないですか。この「明るい夜」っていろんな意味があると思うんですけど、小説を読んだ時、「自分にとっての明るい夜はあの日だな」って思ったんです。ニッポン放送の裏口って、夜はオレンジ色の街灯に包まれるんですよ。オレンジ色に照らされる人たちの姿が凄く心に残っています。

◎特にハマった番組
港町みたいな『星野源のオールナイトニッポン』

『星野源のオールナイトニッポン』ですね。ずっとハマってます。投稿で自分の人生を刻み付けていますし、思い入れは物凄くありますね。たぶん、星野さんと実際にお会いできることって一生ないと思うんです。でも、火曜深夜の2時間だけは友達みたいな気分でいさせてくれるから嬉しいんですよ。送信所に関するメールもたくさん読んでもらいました。

個人的には、星野さんの結婚報告の回（２０２１年5月25日放送）が忘れられません。あの日は家でじっとしていられなくて、国道沿いを歩きながら番組を聴きました。今でもたまに聴き直すんですけど、その時に見た街の景色とか、空の色とか、寺坂（直毅、放送作家）さんの口上で鼻の奥がツンとした感覚を思い出しますね。

星野さんが自分の好きなものを褒めることについて語った回（２０２１年7月6日放送）も印象に残っています。星野さんは「Aが人気だけど、自分はBが好き」みたいな褒め方はしないと。「比較して褒めると、Aを貶めているようになるから、いちいちそれを言わなくていい。Bが好きと言えばいいじゃん」というニュアンスの話をしてくれたんです。「そんな考え方があるんだ」とハッとさせられましたね。僕はサブカル的なものが好きだったので、流行りものを貶めて、サブカルの方を褒めるということをやりがちでした。

星野さんの話したことをすべて覚えているわけではないんですけど、毎週星野さんの考え方や優しさに触れることで、自然と考え方がアップデートされている気がしますね。

この番組にはいろんなカルチャーが集まってくるんです。星野さんはマルチに活躍されている方なので、ゲストも幅広い。アーティスト、役者や声優、お笑い芸人、クリエイター、裏方さんまでやってくる。いろんな文化が集まる港町みたいな番組だなって思うんです。通常回も音声ネタのコーナーに生ラジオドラマ、スタッフさんの箱番組と、いろんな種類の〝面白い〟があって凄く豊かだなと。これは星野さんじゃないとできないラジオなんです。これからもハマり続けていくんだろうなって思いますね。

ラジオだから描けたコロナ禍の物語

◎印象に残る個人的な神回

メチャクチャ悩みましたけど、あえて最近の回を挙げると『NISSAN あ、安部礼司 〜BEYOND THE AVERAGE〜』の2020年4月12日の放送。コロナ禍が始まったばかりの時期だったんですけど、Twitterをフォローしているリスナーさんがこの回を絶賛するつぶやきをしていたんです。それまで1回も聴いたことがなかったんですけど、なんだか気になって試しに聴いてみました。

ストーリーをざっくり話すと、主人公の安部礼司が会社の仲間たちと春のカレーフェスティバルというプロジェクトを立ち上げるんです。いろんなトラブルを乗り越えながら準備をしていくんですけど、それはコロナの緊急事態宣言で中止になっちゃうんですね。緊急事態宣言をテーマにした作品なんて初めてだったのでびっくりしました。悲しすぎる結末の中で、中島みゆきさんの「時代」が流れたんです。歌詞がドラマのシチュエーションにハマっていたんですけど、先が見えない現実世界にもリンクしていて、僕は思わず泣いてしまいました。

あの頃はドラマと同じように中止になってしまったことってたくさんありましたが、「時代はこれからも回っていくから大丈夫だ」というメッセージを、物語として描いてくれたことに凄く救われました。これってラジオだからできたんですよね。脚本と声とSEだけで作れるラジオドラマだから、コロナ禍の真っ直中でもスピーディに作品にできたんだろうなと。一番しんどい時期に希望のある物語を描いてくれたことに感動しました。

最後は米米CLUBの「愛はふしぎさ」で明るく楽しく終わって、「これからも頑張ろう」と思えた放送でした。2020年のラジオ界は本当にいろいろありましたけど、一つひとつの番組に勇気をもらっていた気がします。

◎ラジオを聴いて学んだこと・変わったこと

新しい視点や価値観を獲得できた

ジャンルにこだわらず番組を聴くようになって、新しい視点や価値観を獲得できた気がします。いろんなキャラクターのパーソナリティがいますし、考え方も違っていて面白い。『日曜天国』のゲストコーナーを聴いていると特にそう思います。多様性というものはラジオから学んだんじゃないかなって。

時々、ラジオって学校みたいだなって思うことがあるんですよ。『SCHOOL OF LOCK!』（TOKYO FM）は〝ラジオの中の学校〟という設定ですけど、僕はラジオという存在自体が年齢も性別も問わない、大きな学び舎だと思っています。

パーソナリティのトークを聴いて、学んだり、励まされたり、いろんなことを教わってきたし、他のリスナーさんのメッセージから「自分ならこう思うな」「自分ならこうするだろうな」と一緒に考える場にもなっている。しかも、そういう場所が1ヶ所じゃなく、聴く番組の数だけあるから、これって本当に学校の授業みたいだなって思うことがあります。

ラジオって、来る者は拒まず、去る者は追わず、いつ入学してもいいし、いつ卒業してもいい。そういう心地よいドライさがあるから、いい学び舎だなって。リスナー仲間という友達もできましたし、本当にありがたい場所です。今後も一生、学ばせてもらいたいと思います。

◎私にとってラジオとは○○である

私にとってラジオとは「精神安定剤」である

僕は昔から血圧が高くて、20代前半から降圧剤を飲んでいるんです。亡くなった父親も高血圧だったので、それも関係しているかもしれません。毎日お薬を飲んで寿命を延ばしています。そういう意味では、毎日の憂鬱だとか寂しさだとかを和らげてくれるラジオも、僕にとってはお薬みたいなものなんですよね。心の健康を保つために必要不可欠なんです。

正直、「この回のラジオを聴いて人生が変わった」とか、「死ぬのを止めた」みたいな劇的な経験はありません。ただ、ラジオで心を軽くしながらなんとか生き延びている感覚はあります。たまに、「ラジオを聴かなくなったらどんな毎日になるんだろう」って考えるんですよ。普通は朝の支度の時や通勤中は音楽を聴くと思うんですけど、音楽ってテンションは上がっても笑うことってあんまりないじゃないですか。しんどい気分を麻痺させるには、ラジオで笑うのが一番良いんです。

ラジオを聴き始めてもうすぐ20年経ちますけど、聴いている番組がどんどん増えて、最近はオーバードーズ状態です（笑）。一方で、ラジオだけがすべてじゃないとも思っているので、依存しすぎないように気を付けながら、これからもずっとラジオを聴き続けていきます。

コラム11

AM放送終了

ラジオ放送が変わる時

タク・ヨシムラさんの証言には電波塔の話が出てくるが、「2028年にAM放送が終わる可能性が高い」という話を聞いたら驚く方もいるのではないだろうか。

AM放送が終了する話の前段として、ワイドFM（FM補完放送）について説明しなければならない。簡潔にまとめると、ワイドFMとは「AMのラジオをFMでも同時に放送する」ことを意味する。

ラジオの放送局はAM局とFM局に分かれる。違いが生まれる理由はひとまず各自調べてもらうとして、特徴を紹介すると、AMは遠く離れた場所まで電波が届くが、高層ビルや地形の影響を受ける。雑音や混信が起きやすく、音質も悪い。FMは電波こそ遠くまで届かないが、雑音や混信が生まれにくく、音質もクリアで、ビルやマンションでも受信しやすい。

2014年に始まったワイドFMは、AM局の番組をFMでも同時に放送する試みだ。例えば、TBSラジオだとAMでは954kHz、FMでは90・5MHzの周波数になる。CMなどでも各局が両方の周波数をPRしているのを耳にした人も多いはずだ。

「災害対策」と「難聴対策」がワイドFMの始まった理由だ。AMのアンテナは大型で、地表に沿って電波を送信するため、川辺や海辺など低地に作る必要がある。一方、FMのアンテナは比較的コンパクトで、電波の特性上、山や鉄塔など高い場所に設置される。海や川の近くにあるAMアンテナは自然災害が発生した際に被害を受ける可能性が高い。一方、FMのアンテナはAMに比べれば影響を受けづらい。音声もクリアなため、非常時にAMを補完できる。また、ビルやマンションなどAMラジオの難聴を強いられてきた場所でもFMを介して聴けるようになる。そうして生まれたのがワイドFMだ。

AM中心のリスナーだった私がワイドFMの誕生を嬉しく思ったのは、音質が向上した点。ワイドFMを活用するようになり、AMでラジオを聴く機会は皆無に等しくなった。その後、タイムフリー機能やエリアフリー機能が実装されると、radiko中心のリスナー生活にさらに変化したが、いまだにラジオを録音する時はワイドFMに周波数を合わせている。

ここでようやく最初の話に戻る。ワイドFMが広がる中で浮上した問題が「AM放送終了」だ。アンテナについて説明した際、AMは大型、FMはコンパクトと書いた。ラジオ界は設備の老朽化が叫ばれているが、東京新聞WEBの記事「どうなる?ラジオの未来　AMからFMへ統合、来年にも試行」（2023年5月21日更新）を参照すると、設備更新にAMは20〜25億円、FMは4000万円ほどかかるという。

経営状況が苦しい各ラジオ局はAMの設備を更新するのではなく、FMに一本化する方向に考え方をシフト。2021年には民間AM局ラジオ47局のうち44局が2028年までにFM局への転換を目指すと発表した。総務省もそれを認めて検討に入り、2024年にも実証実験が始まる予定。また、NHKもラジオ第2放送の廃止を検討している。

かつては「トーク中心のAM」「音楽中心のFM」と明確な違いがあり、リスナーもAM派、FM派に分かれていた。学生時代の私は「FMなんて聴いているのは小洒落たヤツらで、ラジオの本当の面白さをわかってない」なんて勝手に思っていたものだ。しかし、ワイドFMやradikoの誕生により、AMとFMの違いも曖昧になり、AM派・FM派論争なんてまったく聞かなくなった。

10年後、ジェネレーションギャップをテーマにしたテレビ番組で、「ラジオにはAMとFMがあったんだよ」なんて紹介して、若い出演者たちに驚かれる未来が待っているかもしれない。いや、それどころか「えっ、ラジオってなに?」と言われるかもしれないし、番組がテレビ以外のメディアで放送されている可能性もあるのが恐ろしいところだ。望むと望まざるとにかかわらず、これからの10年でラジオはさらに大きく変化するだろう。

伊福部崇

男性／47歳（1975年生まれ）／北海道出身／構成作家

“好き”を仕事にすれば付き合い方も変わる

90年代後半から声優やアニメ関連のラジオ……いわゆるアニラジを中心に構成作家として活躍している伊福部崇。かつて彼は『電気グルーヴのオールナイトニッポン』の投稿者だった。“好き”を仕事にすれば付き合い方も変わる。近づきすぎると、逆にラジオを聴かなくなることもある。その距離感は常に変化してきたけれど、今現在、伊福部は昔以上にラジオを聴いているというから人生は面白い。

同世代の目線だった伊集院光と電気グルーヴ

北海道の札幌出身なんですが、親父が免許を持ってなくて、珍しいことに家に車がなかったんです。だから、車で移動することがほぼなくて。僕がパーソナリティをしている『(伊福部崇の)ラジオのラジオ』(超!A&G+)でいろんな方に話を聞くと、だいたい子供の頃に車の中でラジオと出会うんですけど、僕はその経験がありませんでした。

今回取材を受けるにあたって、昔を振り返ってみたんですよ。これまでは「明石英一郎さんがSTVラジオでやっていた『うまいっしょクラブ』が小学生の時にブームになって、それから聴くようになった」といつも話してたんですけど、もしかしたら違うんじゃないかという記憶が蘇って。

当時、僕はおニャン子クラブの高井麻巳子さんが好きだったんです。高井さんのラジオを聴きたくて、親父の持っていたトランジスタラジオを持ち出したのが先だったのかなと。調べたら、その番組(『高井麻巳子　ほほえみメッセージ』ニッポン放送)が1986年スタートで、『うまいっしょクラブ』は1987年からなんです。放送開始と同時に聴いているとは思えないから、どっちが先かわからないんですけど、もしかしたら高井さんのほうが先だったのかなと。

中学生になるとSTVラジオで『夜は金時』が始まって。今で言う『SCHOOL OF LOCK!』

（TOKYO FM）みたいな番組でした。いろんな学校を回って、校門前で生徒にインタビューするんです。「次は○○中学校に行きます！」ってうちの学校の名前が出てたけど、学校内では話題になってなかったので、僕は自主的に「この日にインタビューをやるらしいよ」と広めていたら、生徒会の人に「うちは断ったからやめてよ」と注意された覚えがあります。『夜は金時』にはちょっとしたエピソードを電話口で話すと、オペレーターが内容をまとめてくれて、放送内で読んでくれるシステムがありました。ラジオにハマったのは、電話投稿したことが実際に読まれて、その面白さを感じたのが理由の一つ。STVラジオを聴くようになり、『アタックヤング』という24時からの枠にも手を出して。25時からの『オールナイトニッポン』（ニッポン放送）に広がり、段々と深夜ラジオにハマっていったんですよね。

中学生になり、夜更かしもできるようになって。よく言う話なんですけど、先生に呼ばれて、「せめて2部は聴くな」と言われました（笑）。88～89年ぐらいは『オールナイトニッポン』を全部聴いているに近い状況でしたね。

さらにのめり込むようになったのは、伊集院光さんと電気グルーヴの『オールナイトニッポン』からだと思います。ビートたけしさんやとんねるずの『オールナイトニッポン』にも間に合っているんですけど、伊集院さんや電気グルーヴがそれまでのパーソナリティと違ったのは、僕らの世代の目線だったんです。伊集院さんは僕がその時リアルタイムで好きだったもの、触れているものを話題に出してくれて。ここだったら、僕が面白いことを同じように面白いと思ってくれると感じました。たけしさんやとんねるずの場合、僕は完全に受け手でしたけど、伊集院さんや電気は自分が巻き込まれていく感じがあったんだと思います。

伊集院さんのラジオを教えてくれたのが中学時代の友達だった千葉君。彼に勧められて聴くようになりました。中学時代にはラジオの話をする友達が何人かいたんですけど、高校時代はクラスで一言も喋らないような人間でした。

ちゃんと録音して聴くようになったのは高校ぐらいから。電気は毎回録音してました。この番組にハマっちゃったんで、逆にそれ以外をあまり聴かなくなりました。他の番組の悪口を凄く言うから。電気のラジオに投稿を始めるんですけど、周りは誰も僕が投稿しているなんて知らなかったです。千葉君も同じ高校に進学したんですけど、一緒に登校した時、「昨日の『電気グルーヴのオールナイトニッポン』で読まれていた自虐的なネタ、お前みたいだったなあ」って言われて。「あれ、俺なんだよねえ」「マジで?」ってなったのを覚えてます。送っていたのは電気グルーヴの、しかも2部時代限定なんですけど。

投稿しようと思ったのはなんでだろうなあ。あの番組に参加したかったんだと思います。お二人は、共通言語が凄くあって。でも、お笑い芸人ではないから、他のジャンルや番組とあまり接点がなくて、2人と仲間だけの世界観があったんです。そこに混ざりたい、この人たちが面白いと思っていることの中に僕の面白を触れさせたい。そういう気持ちがあったんだと思いますね。

電気グルーヴの影響でテクノミュージックにもハマりました。ただ、住んでいたのが地方都市だから、「クラブに行く」なんて方向にはならないんです。ひたすらCDを買って聴いていました。

石野卓球さんがラジオや『テレビブロス』のコラムでテクノのCDを紹介してくれるんですけど、手に入りやすいものも、ドイツに行かなきゃ手に入らないものも、同じように紹介するから、何がメジャーで、何がレアかわからないんです。それでもメモを取って、タワーレコードとCISCOとWAVEを回って探すみたいな、そんな毎日でした。でも、「テクノがいいんだよ」ってことを誰かと共有しようとは思わなかったですね。

伊集院さんの場合、当時って本当に誰だかわからなかったんですよ。あの頃の他のパーソナリティってある程度テレビに出ている人たちでしたけど、伊集院さんは謎の存在で、〝ただお話の面白いお兄ちゃん〟だったから、とても興味を持ったんです。当時、伊集院さんは落語家だったことを隠して、オペラ歌手だと名乗っていたんですけど、僕はそれを信じてましたし。

そのあとに『伊集院光のOh!デカナイト』（ニッポン放送）が始まり、ラップユニットの荒川ラップブラザーズをやるじゃないですか。当時からやっているのが伊集院さんだとわかっていたはずなんですけど、心のどこかで「本当は別人なんじゃないか?」とちょっと思っていたんです。中学生の頃だから理解していてもおかしくないのに、心のどこかでメディアの嘘を嘘だと信じられない感覚があって。結構素直な人間だったんだなと(笑)。

伊集院さんを芸人だと思ったことは結局なかったです。オペラ歌手だと思っていたし、あとから「芸人だから」と言われた感じがして。当時って「芸はテレビで見るもの」で、「ラジオの魅力は誰だかわからないお兄ちゃんやミュージシャンのトーク」だと思っていた気がします。

今、伊集院さんのことを世の中がみんな知っているのって不思議なんですよね。当時、深夜に『北野ファンクラブ』を見ていたら、高田文夫先生が「伊集院ってあれだろ、落語家なんだよ」って話を急にし始めて。僕はオペラ歌手だと思い込んでいたから、「いやいや、何を言っているんですか。高田先生より僕たちのほうが伊集院光についてよく知ってますから」なんて思ったんですよ。でも、いつの間にかカミングアウトしていて、驚いた記憶があります。

大学を辞めて上京。ラジオの仕事をスタート

放送作家になりたいと考えたのは、「番組で笑っている人って何をやっているんだろう?」と感じたのがきっかけでした。楽しそうだし、笑ってお金をもらえるんじゃないかって。その

中に混ざりたいと思うようになりました。あとから「自分が面白いと思うことは通用するのかな？」という気持ちも出てきて。

先生や親に「放送作家になりたい」と言ったはずなんですけど、反対された記憶がありません。誰もどんな仕事かわかってなかったんだと思います。僕も含めてですけど、放送作家がなんなのか？　それは就職なのか？　誰もわかってなかった。説明するとしたら、「テレビに出ている青島幸男さんだよ」ってことなんですけど、それは僕もわかってなかったですからね。

専門学校に行けばよかったんですが、親は「大学には行きなさい」と言うから探したんですけど、放送にまつわる大学って当時は日藝（日本大学藝術学部）と大阪芸術大学しかなくて、現役の時に両方受験したんですけど落ちてしまい、浪人することになりました。1年後、大阪芸術大学の赤本を読んでいたら、「自己推薦」があることに気付いて。現役の時に気付いていたら、それで合格したと思うんですけど、赤本を読み込んでなかったので、1年棒に振った感じでした。

自己推薦で大学に受かり、大阪に来てからは、ラジオをほとんど聴かなくなりました。95年に入学したんですけど、その前の年に『電気グルーヴのオールナイトニッポン』は終わっていましたし。でも、10月から始まった『伊集院光　深夜の馬鹿力』（TBSラジオ）は聴いてました。『UP'S』から『JUNK』まで、伊集院さんに関しては基本全部聴いているので。

でも、「大阪に来たから『ヤングタウン』（MBSラジオ）を聴こう」とはならなかったですね。電気に良い意味で毒されちゃったんで、その頃は信者みたいになってるから、なんでもかんでも聴くみたいな気持ちではなかったです。電気や伊集院さんと同じ匂いがするものは聴こうという意識でした。

大学に入って鷲崎（健）さんと出会って意気投合し、作家になりたいと話したら、鷲崎さんが所属していたインディーズのお笑い事務所「ザ・ニュース」を紹介してもらった話は、村上さんに何度もしたことがありますよね。作家というほどのことはやってないですけど、時々企画書を書いたり、若手芸人のネタを見て感想を言ったりしていて。そうしたら、1年後、事務所自体が東京に行くことになり、僕も大学を辞めて上京しました。東京に出てからは、ちょっとずつラジオの仕事をさせてもらえるようになっていましたね。

まだ作家見習いの時、『深夜の馬鹿力』でやっていた「輝け！紅白電波歌合戦」のコーナーに、鷲崎さんと一緒にラジオネーム「ポアロ」として替え歌を投稿したんですけど、業界人みたいな意識はなく、ただのリスナーという感覚でした。ギターが弾ける鷲崎さんが近くにいたんで、「音源を投稿できるなら、ちゃんとギターを弾ける人が出たら面白いだろうな」と思って。当時、鷲崎さんは事務所に住んでいて暇そうだし、事務所には録音機材もあったので、それで送っただけなんです。そこから何かに繋げようなんてまったく思っていませんでした。実際にTBSラジオに呼ばれて、スタジオで歌を収録することになり、伊集院さんと直接お会いした時は緊張しましたけど。

※ポアロ……伊福部と鷲崎が結成した音楽ユニット。「輝け！紅白電波歌合戦」で常連投稿者となり、ラジオリスナーの間で有名になった。伊福部は90年代後半から文化放送を中心に構成作家として活動。鷲崎はパーソナリティとして長年文化放送でレギュラー番組を担当している。以前はユニットとしてもラジオ番組を持っていた。

趣味として残った芸人ラジオ

ラジオの仕事をするようになってからも、ライフワークとして『深夜の馬鹿力』は毎週欠かさずに聴き続けていたんですけど、他の番組を多岐にわたって聴くという方向にはならなかったですね。何度も書いたように、伊集院さんと電気の信者だったので、いろんなラジオを楽しいと思う感じじゃなかったです。2000年代以降の番組が一番面白いという人もいっぱいいますけど、僕はほとんど聴いてないんですよね。10年ぐらいはほぼほぼ月曜日の2時間だけでした。

ラジオが仕事になったからというのはあると思います。忙しくなり、それこそ深夜ラジオが始まるぐらいの時間まで文化放送にいることもあって。今みたいにradikoのタイムフリー機能もない時代だから、聴くとしたらカセットやMDに録音しないといけないんですけど、なかなかそこまではやらないじゃないですか。この時期にradikoがあったら全然違ったと思いますけど、リアルタイムのアクティブリスナー以外いない時代でしたから。

それから改めてお笑いが好きになって、TBSラジオの『おぎやはぎのメガネびいき』や『バナナマンのバナナムーンGOLD』は聴いたり聴かなかったりした時期がしばらくあったんです。聴くのは月に1回程度、そんな状況がずっと続いていたんですよ。

変わったのは2018年。以前からチケットが取れたらバナナマンのライブを見に行ってたんですが、当時はまだ結婚してなかったですけど、洲崎（綾、声優）さんと一緒に行くことになったんです。最初、洲崎さんは「この日、仕事があるから行けるかどうかわからない」って話だったんですけど、先方の担当者が『バナナムーン』のヘビーリスナーで、「なかなかチケットが取れないんですから、絶対に行かなきゃダメですよ」と後押ししてくれて、調整できたんです。

その方が洲崎さんに「今日はムーゴー放送（収録放送を意味する番組用語）って言っといて」と伝言してきて、最初は意味がわからなかったんですけど、少し経って「ああ、『バナナムーン』のことか」と気付いたんですね。それで、「せっかくライブに行くなら、ちゃんとラジオを聴いたほうが絶対に楽しそうだな」と思って。バナナマンのライブって、ラジオのネタがふんだんに入っているんですよね。その時点でradikoもあったし、以前よりも聴きやすい状況になっていました。

そこから改めてリスナー生活を始めてみようと思ったんです。最初は『メガネびいき』や『バナナムーン』をちゃんと聴くというところから始めて。そうしたら、これも聴きたい、あれも聴きたいとなっていって、今に至るという感じです。

やっぱりradikoの存在が大きいですね。移動の時間に聴けるようになったので。タイムフリー機能も当初は再生を始めてから3時間しか聴けなかったですけど、制限が24時間になったことも大きくて。

今、絶対に毎週聴いている番組を合わせると20~30時間ぐらい。番組が多すぎて追いつかないですよね。20~30時間って言いましたけど、それは1軍だけの話で、2軍、3軍もいるんですよ。これは最低限聴く番組で、「この回は聴きたい」となったらさらに増えていく。聴くのは移動時間中心ですけど、消化が間に合わないんで、あえて料理したり、散歩に行ったりしています。最近良かったのは、引っ越して移動時間が増えたこと。ラジオ好きじゃなかったら意味不明な発言かもしれないですけど（笑）。

声優さんのラジオを作ってきましたが、リスナーとして聴いた経験はないです。学生時代は地元では聴けなくて、声優さんのラジオ自体を知らなかったですし。知らない状態で仕事をするようになり、声優さんのラジオが人気になって、番組数が増えた頃にはもう後輩がスタッフをやっているじゃないですか。やっぱり作っている人の顔が見えちゃうと、僕は聴けないんです。だいたい誰がやっているかわかるし、「なんでこの構成にしたんだろう?」って考えちゃうんで。

ゼロではないんですけど、芸人さんのラジオにほとんど関わってこなかったので、そこはある種、よかったなと思います。リスナーとして聴けるから、趣味として残っているので。もし自分が『オールナイトニッポン』の構成作家をやっていたら、今みたいに楽しんで聴けていたかわからないです。

◎私が思うラジオの魅力

プライベートな領域から見た景色

パーソナリティのプライベートの領域に入っていけるところだと思います。ラジオだとその人の世界観に入りやすいというか。電気グルーヴは最たるものだと思うんですけど、その人が面白いと思っているもの、その人の言語、複数人でやっているなら、その人たちの関係値のテリトリーがあるように感じるんですね。今の言葉で言うと〝領域展開〟されているというか。ラジオを聴いているだけなんだけど、その領域の中に入れる。そこで生まれ、生きてきたような感覚になれる。外から見たらわからないことなんですけど、「この人ってこんな感じなんだ」「こんなことを面白いと思うんだ」ってわかるところが好きです。

最近だと『マヂカルラブリーのオールナイトニッポン0（ZERO）』はまさにそんな感じですよね。お二人は僕よりも世代的にはちょっと下なんですけど、「僕が仕事をしている中で体験してきたけど、お客さんとしては見てこなかったもの」をお客さんとして体験している人たちなんです。だから、番組を通じて「お客さんはこういう楽しみ方をしてたんだ」と今になって知ることができて。ネット社会という部分でもアニメ文化という部分でもそうなんですが、僕が加担してきた世界から生まれた文化を体験してきた人たちの言語なんですね。不思議な感覚だし、聴いていてとても楽しいです。

◎ラジオを聴いて人生が変わった瞬間・感動した瞬間

「俺が書いたことで笑ってくれる」という事実

『電気グルーヴのオールナイトニッポン』で初めてハガキを読まれた時は、自分が認められたという気持ちが大きかったです。誰にでもある思春期特有の感覚なんですけど、ラジオに居場所があったという。暗い高校生活を送っていたけど、はけ口はなくて、自分がなんなのかがわからなくなった時に「俺が書いたことで笑ってくれるんだ」という事実は大きかったかもしれないです。

採用された時はリアルタイムで聴いてました。「このネタ、次になんて言うか俺知ってる！」なんて思って。さっき話したように、読まれたことを自分から周りに話してはいませんでした。パーソナリティと僕とのコミュニケーションだけで良かったんでしょうね。そこだけが繋がっていればいいと思ってました。

◎特にハマった番組

Mr.マリックの『オールナイトニッポン』

今まで話してきたように、伊集院さんと電気のラジオ。最近だと『マヂカルラブリーのオールナイトニッポン0（ZERO）』でしょうか。

単発番組の話になるんですけど、探しても全然情報が出てこないんですが、1回Mr.マリックさんが『オールナイトニッポン』をやっているんですよ。それがメチャクチャ面白くて。「人に呪いをかけるには？」というテーマでトークをしていたんですけど、夜中の何時に、こんな格好して、どこどこの裏山まで行って、こんな叫び声を上げて、こうやって藁人形を作って、最後にこんな風にしたら呪いがかかります……みたいなトークだったんですよ。「そんなのできるわけねえだろ！」って話で。メチャクチャ面白かったんです。当時は録音していたと思うんですけど、それも残ってないし、もう1回聴きたいんですよね。

◎印象に残る個人的な神回

『伊集院光　深夜の馬鹿力』第1009回

『電気グルーヴのオールナイトニッポン』だと、伊集院さんが来て、2時間フリートークをした回です。初めからフリートークをした回もあったと思うんですけど、たまたま通りかかって「ああ、伊集院来いよ」と声をかけて、そこから2時間フリートークだった回があって、それが好きでした。あと、『電気グルーヴのオールナイトニッポン』は何度か復活しているんですけど、ある時に〝石野卓球ションベン事件〟というエピソードを話しているんです。実際にあったことと、妄想の中で起きたことが同時並行でトークが進んでいくんですけど、それも面白かったですね。

最近で記憶に残っているのは佐久間宣行さんの『オールナイトニッポン0（ZERO）』に加藤浩次さんがゲストで来た回です（2020年9月9日放送）。テレビの作り方の話をしている中で、佐久間さんが「演者さんからも現場でいろんな意見出るじゃないですか？」という話をしたら、加藤さんが「でも、演者の意見なんて間違ってるでしょう」と言っていて、ドキッとしたんですよ。一概には言えないんですが、そういうことが多いのも事実で、それを加藤さんが認識している。しかも、それに対して佐久間さんが「そうなんですよ」って返すのも凄いなと。冗談交じりで話すならともかく、こんなトーンでスタッフと演者が話すことができるんだって。作り手と演者がこんな関係を築けるんだなと感動しましたね。

『深夜の馬鹿力』で挙げるなら第1009回（2015年2月16日放送）です。変なタイミングで行われた記念企画として、歴代コーナーを振り返った時にあの「電波歌」のコーナーも話題になって。そこでポアロについても触れてくれたんですね。「のちに文化放送で番組を持った」という話をしてくれて。さらに、僕と会った時に「パーソナリティになりたいんだったら、ライバルだから、この番組のスタッフになれないよね」という話をしたと振り返っていたんです。

話は僕の若手時代に遡るんですけど、伊集院さんが90年代後半の日曜日のお昼に『伊集院光日曜大将軍』（ＴＢＳラジオ）をやっていた頃に、作家として見学に行ったことがあるんです。その時に「実は僕があの時のポアロなんです」とあいさつをしていて。第１００９回のトークで出てきたのはこの時のことだと思うんです。

僕はスタッフになる話をされた記憶がないし、「パーソナリティになりたい」と言ったのかどうかも覚えてないんです。でも、『日曜大将軍』の現場に行って会話したのは確かで。結局、僕はその後も伊集院さんの番組でスタッフにはなれなかったんですけど、その時に「僕は作家をやりたいです」と言ったら、『馬鹿力』のスタッフをやっていたのかなと考えちゃうんですよね。洲崎さんが『Ｑさま!!』に出演した時に伊集院さんと共演したんですけど、「旦那が……」って話をしたら、「覚えているよ」と言ってくれて、やっぱりこの話をしていたそうなんです。

当時の僕は知り合いのツテで見学まで行ったわけですから、純粋にスタッフをやりたいと思っていたはずなんですよね。ただ、あの頃はもう鷲崎さんとのポアロがあったし、ラジオもやっていたから、活動していくうえで「パーソナリティをやりたくない」とは言えないし、そういう意味のことを僕は話したんだと思うんです。たぶん「スタッフになりたい？」と聞かれているとも思ってなくて、軽く答えたんだろうなって。今となると、どっちに答えたほうがよかったのか、もうわからないですけどね。でも、伊集院さんが覚えてくれていることは嬉しかったです。

見学に行った回はバレンタインの企画をやっていて、コージーコーナーの担当者がスイーツを紹介していたんですが、僕はそれをやると知らなかったので、差し入れをコージーコーナーで買って持って行ったんです。番組の本編でコージーコーナーのスイーツを食べたばっかりなのに、僕が持って行ったものも伊集院さんはわざわざ食べてくれて、悪いことをしたなあと思った記憶があります。

◎ラジオを聴いて学んだこと・変わったこと

ふざけ方、ものの見方、偏見の持ち方

少年期においては人生の根幹のすべてというか、「どう生きるか？」というところまでラジオから学んでました。特に僕は電気グルーヴの信者になっていたので、本当にすべてだったと思うんです。ふざけ方とか、ものの見方とか、偏見の持ち方とか（笑）。その頃の数年間は真

っすぐにものを捉えられなくなっていたと思います。

今はボーッと聴いているだけでも時代が捉えられるのが凄くいいなと感じていて。アクティブに自分から調べにいかなくても、ラジオを聴いていれば、世の中で起きていることがなんとなくわかるじゃないですか。ラジオを聴いていない生活をしていたら、今流行っているものがどんどん離れていっちゃうと思うんですね。

◎私にとってラジオとは〇〇である

私にとってラジオとは「生活」である

いろいろ考えたんですけど、僕にとっては仕事もラジオなんで、「生活」だなあって感じがしますね。プライベートもそうだし、仕事もそうだし、人間関係もラジオから生まれているんで。「生活」という言葉が出てきたら、ピッタリすぎて、これ以上の言葉は出てこないと思いました。

リスナーとしては今後もいろんな番組を聴いていくと思いますが、仕事として今の形をずっとやっていくのは難しいんじゃないかと思うんですよね。僕が関わっているのはアニラジが多いんですけど、アカデミックな番組ってそんなに多くなくて。この歳でいつまでも若いパーソナリティの番組はできないんじゃないかと。そういう意味では、プロデュースみたいな方向で裾野を広げていけたらなって考えてます。

リスナーとして聴いたことないって言いましたけど、声優さんのラジオも面白いと思うんですよ。ただ、選び方が難しい。「この人のトークが面白い」「この人のトークが好き」というのは実際に聴いてみないとわからないというか。芸人さんのようにテレビでネタをやっているわけでもないし、「この人は自分と考え方が似ている」というところにたどり着くまで時間がかかるんで。どうやって周知させていくか。難しい問題だなと思います。

昔から言ってますけど、アニラジという括りはいらなくて、もっと外に向けて何かできればいいなと。声優さんのラジオを作っている人がよりガラパゴス化を進めていて、外と関わり合いたくないと思っている気もするし、意識的に柵を作っているならいいんですけど、みんな無意識にやっているんですよね。むしろ僕は意識的に外に外にやっていきたいです。そうやって声優さんのラジオに恩返ししたいと思いますね。

コラム12

ラジオスター

人気者への階段を追体験する快楽

ラジオから定期的に流れてくる曲に「ラジオ・スターの悲劇」がある。原題は「Video Killed The Radio Star」。イギリスのバンド・バグルスが1979年に発表した曲で大ヒットを記録した。歌詞では「テレビがラジオスターを殺した」と嘆かれているが、2023年現在でも〝ラジオスター〟という言葉は日本のラジオシーンでよく見かける。

明確な定義は存在しないが、ニュアンスとしては「ラジオをきっかけに有名になった人」「複数の番組を担当している人」を指す場合が多い。また、条件として「ラジオに強い思い入れがある」のも加えていいだろう。ローカルラジオスターなんて言い方もあるし、昼間の番組にもラジオで評価を上げたジェーン・スーのような存在がいるが、ここでは深夜ラジオに焦点を合わせよう。最初に名前が挙がるのは、伊福部崇さんに多大な影響を与えた伊集院光ではないだろうか。

無名に等しかった若手落語家・三遊亭楽大が、先輩の放送作家に誘われて、ニッポン放送のオーディション番組『激突！あごはずしショー』に出演。〝ギャグオペラ歌手〟の伊集院光と名乗ったのは1987年のこと。当時、伊集院は19歳だった。

その存在を面白がったスタッフたちに引き上げられ、88年から『オールナイトニッポン』水曜日2部を担当。架空のアイドル・芳賀ゆいを生み出すなどしてリスナーの支持を集め、91年に夜の帯番組『伊集院光のOh!デカナイト』のパーソナリティに抜擢される。95年の春に番組が終了すると、半年後からTBSラジオで今も続く『伊集院光　深夜の馬鹿力』がスタート。数々の伝説を生み出した。同時に『伊集院光　日曜大将軍』『伊集院光　日曜日の秘密基地』『伊集院光とらじおと』のパーソナリティも担当。最近は積極的に他局の番組にも出演し、NHK-FMでは『伊集院光の百年ラヂオ』もスタートしている。伊集院から影響を受けている人間は数多く、日本を代表するパーソナリティの一人と言っても過言ではないだろう。まさに〝ラジオスター〟だ。

私個人の経験で言うと、伊集院の番組にハマったのはTBS移籍後で、『Oh!デカナイト』は24時台しか聴いたことがなかった。なぜなら裏番組であるTBSラジオの『岸谷五朗の東京RADIO CLUB』を聴いていたからだ。私にとってラジオを好きになった最初期にハマった番組。初めて触れたラジオスターは間違いなく岸谷である。

今でこそ「岸谷五朗＝有名俳優」と思われているが、当時は無名の存在。三宅裕司率いる劇団スーパー・エキセントリック・シアターに所属していたが、コントユニット・SET隊としても活動しており、個人的な認識は売れない俳優と芸人の中間ぐらいのイメージだった。

私が番組を聴き始めた頃はまったくと言っていいほど注目されていなかったが、放送を聴き続けているうちに、テレビドラマにちょい役で出演したり、映画の主役に抜擢されたりと徐々に出世。最終的に俳優業が多忙になり、番組は終了を迎えた。

毎週の放送を通してパーソナリティが有名になっていく過程をたくさんのリスナーに追体験させることこそ〝ラジオスター〟の条件のように思う。パーソナリティが本業（もしくはラジオの現場）で、失敗と成功を重ね、リスナーもそれに一喜一憂し、いつの間にか強い思い入れを持つようになる。そうやって支持を集めるのだ。

〝ラジオスター〟の定義は曖昧だが、一つ言えるのはある程度の時間を共有しないと生まれない個人的な思い入れであって、そのニュアンスはリスナーごとに違うこと。特に近年はその傾向が強いように思う。

最近は音声コンテンツの隆盛によって番組数が増加し、一つの番組にリスナーが集中する状況が生まれにくくなっている。また、一般的な趣味や興味の幅が広がり、細分化されたことで、「無名の存在」が見当たらなくなったことも大きい。ラジオ番組を持つ時点で、それぞれのジャンルである程度の評価を受けている場合がほとんど。アーティストで言うとCreepy Nuts、お笑い芸人で言えばアルコ&ピースがこれまでの〝ラジオスター〟という概念に当てはまる最後の存在かもしれない。

それでもラジオスターになる過程を追体験するあの快感は一度味わうと忘れられない。一人のリスナーによる勝手なお願いだが、放送局にはかつての伊集院のようなリスナーの気持ちを刺激する世に知られていない若いパーソナリティを積極的に起用してほしい。

ハンドルネーム
鹿児島おごじょ
女性／48歳（1975年生まれ）／埼玉県出身／主婦・パート

「推し」で広がる私の世界

鹿児島おごじょは2018年に行ったリスナー10人連続インタビューイベントの参加者である。主婦であり、2人の子を持つ母である彼女の「私の将来の夢はすべてのハガキ職人の母になること」という言葉がとても印象的で、また話が聞きたくなった。彼女の人生を振り返るうえで、その時々に聴いてきた〝推し〟のラジオ番組が当時の自分の状況をよく表しているという。この物語は小学5年生の女子が背伸びして『ビートたけしのオールナイトニッポン』を聴き始めるところから始まる――。

ビートたけし&とんねるずにハマっていた小学生時代

最初に聴いたのはビートたけしさんの『オールナイトニッポン』(ニッポン放送)。小学校5年生ぐらいだったと思います。他の子たちとは違い、あまりアイドルに興味がある子供ではなくて。古い記憶を遡ると、幼稚園の時、最初に好きになった芸能人は小堺一機さんなんです。昔から面白い人が好きで、顔はどうでもよく、面白いことがカッコいいと思っていました。面白い人ってだいたい頭が良いじゃないですか。中学生・高校生の時に好きだったのは上岡龍太郎さんでしたし、学生時代はずっと同級生の誰ともわかり合えなかったです(笑)。

当時はたけしさんとたけし軍団の方々がたくさんテレビに出ていたんですが、ラジオもやっているとか小耳に挟んだんです。ラジオの聴き方もわからなかったんですが、うちにあるラジカセでどうやって聴けるのかと悪戦苦闘して。ニッポン放送になんとかチューニングを合わせていました。

番組には軍団の人もいっぱい出ていましたし、構成作家として高田文夫先生もいたから、トークのスピードが速くて、最初は誰が何を喋っているのかわからなかったんです。いちいち喋る時に自分の名前を言ってくれるわけじゃないですから。でも、段々耳が慣れて。小学生同士の会話では出てこないようなブラックなワードやシモネタも出てくるし、テレビとは違う密室的な感じがして、刺激的で面白かったんです。どんどんハマっていきました。

私が聴き始めて慣れた頃に終わっちゃったんですが、『とんねるずのオールナイトニッポン』も聴いてました。スタッフさんの名前がたくさん出てくる番組で、「これは誰だろう？」と思っていたら、テレビの『とんねるずのみなさんのおかげです。』でその人が見切れたりしていたじゃないですか。「あの人か！」という発見があって。テレビでやっていたことの裏側をラジオで話してくれるから、「それであの時はこうなったんだ」って答え合わせができる。ラジオのそこが面白いと思っていた10代でしたね。

徐々にテレビの見方も変わってきて、「こうなったってことは、誰かがそうなるように指示を出しているのかしら？」なんて考えるようになり、余計に友達と話が合わなくなるという（笑）。タレントさんが面白いと思っていたけど、一緒に作っている人たちの作業があればこそなんだと考えるようになって、スタッフさんにも興味を持ち始めました。周りでは光GENJIが流行っている頃に、そんなことを思っていたんです。今でも放送作家のオークラさんや福田（卓也）さんの話が好きなのもそこなんでしょうね。その極みは佐久間宣行さんで。

ただ、さすがに小学生で深夜1時まで起きているのはつらかったです。最後まで起きていられることとなんてほとんどなく、前半1時間聴ければいいほう。そもそも始まるまでどうやって親にバレずに起きているかが問題で。気配を消したり、「テスト前だから」と言い張ったり、誤魔化し誤魔化しで親が先に寝るのを待っていました。始まる前に寝てしまうことも多かったので、聴けた確率は結構低かったと思います。

当時、ラジオを友達に勧めたことはありますけど、誰もわかってくれませんでした。「映像がなくて何が楽しいの?」って言われてしまい……。音だけでも面白いという説明は子供だったからできませんでした。そもそも小学生女子には詳しく表現できない内容でしたし(笑)。

赤子と聴いていた『ナインティナインのオールナイトニッポン』

聴いていたのは高校受験に向けて勉強を始めるまで。受験生になったらなかなかラジオを聴く時間が取れず、番組が終わっちゃったのもあって、ラジオを積極的に聴くことはほとんどなくなりました。

唯一、祝日や学校が休みの期間にたまに聴いていたのが『吉田照美のやる気MANMAN!』(文化放送)。今の主人とは中学時代から付き合っていたんですけど、彼もラジオを聴く人で、『やるMAN』リスナーだったんです。よくその話をしていたから、私もたまに聴くようになりました。番組のイベントにも行きましたし、主人と『やるMAN』のジングルをいくつ歌えるか競った記憶もあります。私がどんどんラジオにのめり込んでいくから、のちに「こんなにラジオを聴く子だとは思わなかった」なんてぼやかれました（笑）。

大学に入学する頃まではラジオから離れていたんですが、母がきっかけでまた聴くようになりました。母はファストフード店の社員だったんですが、閉店まで働き、掃除をして帰ってくると夜中になっちゃっていたんです。その帰りに車で『ナインティナインのオールナイトニッポン』を聴くようになったそうです。たぶん夜に運転すると眠くなっちゃうから、ラジオをつけていたんだと思うんですけど。「岡村（隆史）君が面白いのよ。テレビとまた違うの」と勧めてきたんです。

「そう言えば最近ラジオ聴いてないなあ」なんて思って、私も免許を取ったから車の中で聴くようになり、リスナー生活が戻ってきました。ここからテレビを見ることの答え合わせができて、裏側を知る感覚も確実に復活しましたね。ナイナイはフライデーされたり、タレントさんと噂になったりしても、「実は……」ってラジオでだけは話してくれたじゃないですか。

社会人になり、結婚してからもずっと『ナイナイのオールナイトニッポン』は聴いていました。2000年に結婚したんですけど、結婚して1年もしないうちに主人が鹿児島に転勤することになったんです。当時は長女を妊娠していて、妊婦として鹿児島に引っ越しました。友達もいないし、テレビも見たい番組が全然放送されてなかったんですけど、ラジオは南日本放送がちゃんと受信できたので、『ナイナイのオールナイトニッポン』を録音して、1週間それを繰り返して聴くのが楽しみになりました。昼間のラジオも聴いてみたんですけど、想像していたより鹿児島弁が多くて、関東出身の自分にはちょっとハードルが高かったです（笑）。

２００２年に長女が、２００４年に次女が生まれたんですけど、うちの子は車の揺れじゃないと寝てくれなかったんです。抱っこしても、絵本を読んでも全然寝なくて。だから、木曜日の深夜1時になったら『オールナイトニッポン』を聴きながら、ひたすら車で夜道を走るのが毎週の恒例でした。とんでもないシモネタも聴こえてくる中、赤子をチャイルドシートに乗せて運転していると、うつらうつらし始めて、気付いたら寝ているから、そうしたら家にUターンして戻るという。

夜の10時ぐらいに寝かせると、1時ぐらいに起きちゃうんです。1時ぐらいまで引っ張って、それから車に乗せると朝まで寝てくれるので、また次の日も、そのまた次の日も録音していた『ナイナイのオールナイトニッポン』を車でかけていました。うちの娘にとって「ビタースウィート・サンバ」が子守歌でしょうね。関東に戻ってきてからもラジオは生活の一部でした。

山里亮太の結婚で生まれたラジオ空白期間

ナイナイ以外の番組を聴くようになったのは、南海キャンディーズの山里亮太さんが好きになったからです。『山里亮太の不毛な議論』をやっていると知り、『たまむすび』の火曜日にも出ていると知って、そこからTBSラジオも聴くようになりました。『たまむすび』は昼の番組ですけど、パートナーは芸人さん中心だから入りやすくて、そこから遡って『ジェーン・スー　生活は踊る』や『伊集院光とらじおと』にも広がって。基本的に芸人さんのラジオを中心に聴いていました。

山里さんに興味を持ったのは、2010年に大喜利イベント『ダイナマイト関西』の記者会見の観覧に行ったのがきっかけです。ずっとお笑いは好きで、この時は最初オードリーの若林正恭さんが目当てだったんですよ。でも、若林さんは忙しいから映像での出演で、「なんだ……」とガッカリしていたら、そこに山里さんがいて。改めて見てみたら、背が高くてスラッとしているし、足も長くて、「あれ？　カッコいいかも」と。それでよくあるやつですよ。「目があった気がする」みたいな（笑）。気になり出して、ラジオを聴くようになりました。

当時の山里さんは毒っ気が強かったんですけど、そういう「性格に難がある」ところに惹かれました。ラジオでは本心でいろんな話をしてくれて。モテる人への妬み・ひがみとか、仕事で理不尽なことをされた時の怒りとか。そういう話を聴いていると、「芸能人だけど、やっぱり私たちと同じように嫌なことやつらいことがあるんだなあ」と身近に感じ、応援したくなったんです。

投稿を始めたのも山里さんがきっかけです。ある時、本のサイン会に行ったんですよ。そういう時って番組に「サイン会に行きました」というメールが結構来るじゃないですか。それを読んだ山里さんが「男ばっかりじゃねえかよ」と言うから、「チャンス！」と思って。その時、たまたま学校が休みで子供2人を連れて行ったんですよ。そのことを書いてメールしたら、山里さんに「覚えている」と言ってもらえて。それが嬉しくて投稿するようになりました。

それからは『JUNK』（TBSラジオ）中心で、『オールナイトニッポン』で聴いていたのは、変わらずナインティナイとオードリー。30代が一番ラジオを聴いていたと思います。なかなか家事をする気が起きない時は、「この2時間分の放送を聴いている間だけは頑張ろう」と考えて、ラジオをタイマーのようにしていました。そうすると、ちょっと面倒臭い作業もはかどるんです。特に30代の頃はラジオが家事を助けてくれるツールでした。

ただ、山里さんの結婚をきっかけにラジオを一時的に聴かなくなってしまったんです。朝、起きた時にテレビ番組で結婚報道を見た時、「嘘だ！」って思わず叫んじゃって（笑）。職場でも周りは誰も触れられないような状況だったみたいです。最初ママ友からは「山ちゃんやったじゃん。女優ゲットじゃん。おめでとう」というLINEがいっぱい来ましたけど、本気で落ち込んでいるのが伝わったみたいで、ママ友たちを困惑させてしまいました（笑）。

自分の好きなアイドルや俳優が結婚したら、よく有休を取って仕事を休むみたいな話があるじゃないですか。他人事だと思ってましたけど、あれってこの気持ちなんだって実感しました。「そんなにアイドル的に山里さんが好きだったんだ」って、自分で自分にびっくりしちゃって。私も結婚していて、子供もいるわけですし、いい歳して恥ずかしいって思うんですけど、そこからラジオを聴けなくなってしまって、しばらく空白期間になってしまいました。なんとかナイナイとオードリーは聴くように戻ったんですけど。自分でも自分の感覚がよくわからないんです。勝手に「山里さんは結婚しない」と思っていたんですかね？

同じような気持ちになったことが過去に1回あって。歌手のKANさんのピアノも歌も好きで、10年以上応援していたんですけど、突然結婚された時は同じような状況になりました。だいたい10年に1回周期でショックを受けるみたいなんです（笑）。それだけ山里さんのことが好きだったんでしょうね。不思議とオードリーが結婚した時はそういう気持ちになりませんでした。

長いラジオが聴けなくなった40代

このままずっとラジオを聴かなくなるんじゃないかとも思ったんですけど、その年に『佐久間宣行のオールナイトニッポン0（ZERO）』が始まったじゃないですか。この番組はとても平和で面白いから、どんどんハマっていって。変な話なんですけど、山里さんが結婚したことがショックだったくせに、もう結婚されていて、奥さんやお子さんを大事にしている人は好きなんです。聴き始めて1年ぐらい経ってから、「ママは山ちゃんの失恋から立ち直り、とうとう新しい推しが見つかりました！」と家族に宣言して、それから変わらず応援しています。

コロナ禍になった頃からパートの仕事が忙しくなってしまい、ラジオとの関わり方も変わりました。あまりの忙しさに、精神的にも肉体的にも疲弊してしまい、2時間の番組が聴けなくなってしまったんです。終わってしまいましたが、好きだった『たまむすび』もオープニングや一部のコーナーだけしか聴けなかったですし、TBSラジオでも30分の『問わず語りの神田伯山』や1時間の『空気階段の踊り場』、『ハライチのターン！』をちょこちょこと聴くようになりました。

そういう状況は自分としてもショックでした。あんなにラジオが好きで、毎日ラジオばっかり聴いていたのに、ラジオを聴く体力がなくなっているし、投稿なんて全然できないし、夜も起きてられないし。逆になんで私は『JUNK』をリアタイで聴けていたんだろうって思うくらいで、ラジオが自分のアイデンティティーだと考えていたのに、「全然聴いてないじゃん！」と悲しくなりました。

ただ、今回改めてこれまでのリスナー生活を振り返ってみて、その時に聴いていたラジオを思い出すと、自分の体調や生活の変化がわかるなって気付いたんです。だから、聴けてないのも自分の人生の一部なんじゃないかと。

あとから考えると、「ああ、あの時の私は大変だったんだなあ」という印になっているだけで、今もそういう時期なんじゃないかなって。そう思えるようになって、最近はちょっと楽になりました。以前は聴けない理由を必死に考えたり、解決法を見出そうとしたりしていたんですけど、1日は24時間だから、無理なものは無理ですからね。聴けない自分を責めることはやめました。もともとはサイレントリスナーだったし、投稿しなきゃいけないわけでもないし、楽しんで聴けばいいかって。

10代の時はテレビの答え合わせとして聴いていて、20代や30代は投稿もしてましたが、40代の今は疲れているから長いラジオは聴けなくなった。50代になったら、朝の生島ヒロシさんあたりを聴くようになるかもしれませんし、今後はどういう番組を聴くようになるか自分でも楽しみです。

主人とは週末にドライブするんですけど、その時に「中川家聴いていい？」「オードリー聴いていい？」なんて言いながら、タイムフリーで私のチョイスしたオススメ番組をかけるのが恒例です。主人も「面白い」と言って、聴いてくれてますね。

長女はCreepy Nutsが好きで、Spotifyで『オールナイトニッポン』を聴いていたみたいです。次女にはまったくラジオ文化が浸透していないと思っていたのですが、知らない間にネットラジオの番組にメールを送って採用されていたようです。「読まれて嬉しかった！」と言っていました。ここから聴く番組が広がって、なんだったらラジオ局に就職してくれないかな（笑）。

◎私が思うラジオの魅力

興味の幅が広がるツール

何かしながら聴けるところは魅力です。テレビやYouTubeの動画だとそれにすべてが縛られちゃって、家事は並行してできない。でも、ラジオだと音だけでいいので。ポケットにスマホを入れて、radikoをつけたまま いろんなことができるんですよね。

あと、最近は情報を得るためのツールとしてラジオを使うことが多くなりました。それは、佐久間さんの番組を聴くようになったことが大きいです。佐久間さんってエンタメがとにかく好きじゃないですか。私は音楽にも映画にも疎いんですけど、好きなパーソナリティが勧めるなら見ようと思うようになって、興味の幅が広がりました。そうすると、話題も広がります。特にパーソナリティが「これは面白い」「これは美味しい」なんて紹介してくれると、その言葉は信用できますからね。

◎ラジオを聴いて人生が変わった瞬間・感動した瞬間

赤江珠緒が涙ながらに思いの丈を話していた回

ピエール瀧さんが逮捕された時の『たまむすび』（2019年3月13日放送）はとても印象に残っています。ラジオを聴いていて、あんなに泣いた時は他にありません。ちょうど仕事の移動中で、バスに乗っていたんですけど、「今日、赤江（珠緒）さんが何か言うだろうな」と思ってイヤフォンで聴いていたら、思いの丈を話しながら涙声になっていて。水曜日だったから、パートナーが（博多）大吉先生だったんです。赤江さんが崩れちゃっても、放送としては大吉先生が立て直してくれるという安心感がありました。

瀧さんがどういうことになったのか。どういう経緯で赤江さんに連絡が来たのか。そういう流れを聴きながら、私もバスの中でボロボロ泣いてしまいました。もちろん瀧さんとは直接会ったことはないし、自分の人生にはまったく接点もないわけじゃないですか。『たまむすび』を聴いてなかったら、単なる芸能人の逮捕でしかないはずなのに、どうしてこんなに悲しくて、なんで一緒になって泣いているんだろうって。そんな風に感じて、一番心が揺さぶられた気がします。

『たまむすび』全体にとって大きな事件でしたし、どれだけ赤江さんが番組を大事にしているのかも伝わってくるから、余計に悲しくなってしまって。それが一番強く残ってますね。好きな番組や好きなパーソナリティのことだと、全然関係ないのに、なぜか自分ごとになっちゃいます。それだけきっと好きなんでしょうね。

◎特にハマった番組

プライベート話が面白い『オードリーのオールナイトニッポン』

最初からずっと聴いているのが『オードリーのオールナイトニッポン』です。自分の中で好き嫌いの波はなく、ずっと好きで。フリートークが長いから、聴きやすいのかもしれません。他の番組は合間にメールを読むじゃないですか。でも、オードリーはその隙がないから、最初は違和感がありました。でも、2人の話が面白いから、慣れるとそれもいいなって。

若林さんはあまり私生活が見えない人だから、フリートークでちょっと見えただけで凄く得した気がします。逆に春日（俊彰）さんは私生活が丸見えみたいな感じですけど、意外にちゃんとやっているんだとか、相変わらず節約を家族に強いるんだとか（笑）。見えている量は全然違うけれど、２人のプライベートの話は面白いですね。

今は誰しもなのかもしれませんけど、お二人とも積極的に子育てに関わっていますよね。そういう姿勢は偉いなって思います。あと、子供の小さな変化に驚いているのは、可愛いなって。山里さんや岡村さんもそうです。岡村さんが「子供って寝かしつけないと寝ないんだ」って言っていて衝撃を受けました。当たり前でしょって（笑）。でも、子供ってこうなんだと改めて驚いているのを聴くと、自分もそうだったなって懐かしく感じます。

◎印象に残る個人的な神回

スタッフから思わず漏れた「ふざけんなよ！」

『佐久間宣行のオールナイトニッポン0（ZERO）』で、娘さんと箱根旅行に行った話をされた回（2022年4月6日放送）が賞（日本民間放送連盟賞ラジオ部門中央審査生ワイド番組部門最優秀）を取ったじゃないですか。あの回を聴いて、ボロボロ泣いちゃって、神回だと思いました。

佐久間さんの話が良かったのは当然として、印象に残っているのはリスナーから届いたメールなんです。お母さんとディズニーシーに行ったけど冷たくしちゃったという息子さんからメールが来た時に、佐久間さんより先に構成作家の福田さんが「ふざけんなよ！」って言ったじゃないですか。「本当にそうだよ！」と私も思って（笑）。スタッフさんの熱量が漏れてきたのがよかったです。パーソナリティ一人が勝手に盛り上がるんじゃなく、来るメール来るメールでみんながワーッと盛り上がってきた時に出てきた「ふざけんなよ」が好きなんです。

うちも娘がいるので、「娘がいるお父さん」に共感できるんですよね。本当にお父さんって娘が好きだなって（笑）。ちなみに、佐久間さんのところのお嬢さんはツンデレな感じなんですけど、うちはベッタリで、仲が良いんです。

佐久間さんは人を傷つけるようなことを言わないので、聴いていて安心します。あの時間帯でいい歳をした大人が攻撃的だと……。若い芸人さんが尖っているのはいいんですけどね。年々、自分も尖った話についていくのが大変になっていて、心を穏やかにしていたいんで。あまり否定しないところがいいなって思います。

先ほど話した神回の時も、ディズニーシーでお母さんに冷たくしてしまったリスナーさんを「高校生で母ちゃんとディズニーシーに行っている時点でメチャクチャいいヤツだよな」とフォローしていたじゃないですか。もしかしたら、そのリスナーは「やっぱり俺の行動はダメだったよな……」って傷ついてしまうんじゃないかってドキドキしていたんです。あの時の佐久間さんの言葉にはお父さん的な優しさがあふれていました。自分が母親だからかもしれないですけど、あまりにリスナーに厳しい言葉を言われると、聴いていてつらくなっちゃうので。

以前、村上さんにインタビューしてもらった時に「『私の将来の夢はすべてのハガキ職人の母になることだ』なんて気持ちでいる」って話をしましたよね（笑）。今もそんな感覚でいるんです。だから、ネタコーナーでもそれにダメ出しされると、悲しくなっちゃって。きっと読まれたことが嬉しいはずなのに、ダメ出しなんかしたらかわいそうだなと。メールを出す側の気持ち、そして母の気持ちがあるので、余計にそう感じるのかもしれません。

◎ラジオを聴いて学んだこと・変わったこと

「この人だったらなんて言う？」と考えるようになった

佐久間さんのラジオの影響で、Netflix や Disney+ に加入したのは自分にとって大きな変化でした。以前なら家族が入りたいと言っても「ケーブルテレビで十分じゃない？」って聞き流していたと思うんです。でも、「こういうところで映画に触れたら、自分の幅が広がるかもしれない」と思うと、その投資が惜しいと思わなくなって。それは大きな変化ですね。

あと、『ジェーン・スー　生活は踊る』のお悩み相談をよく聴いているんですけど、相談を聴きながら、自分なりの答えも考えるようにしているんです。スーさんになりきって（笑）。

でも、いつも私とは全然違う方向からスーさんの答えが出てくるんですよね。私としては「この質問は自己中心的じゃないか」「それはやめたほうがいいんじゃないか」と思う相談にも、スーさんって絶対に最初は否定しないんです。「そうだね」と受け止めてから「でも、こうなんじゃない？」って。その切り口は自分には全然ない考え方で、いつも感心しています。

それを繰り返していくうちに、人に何かを言われた時、否定じゃなく、「スーさんみたいにまず受け止めてみよう」と思うようになりました。例えば、「うん？」と思うような話でも、いったんスーさんを憑依させて考えてみるんです。スーさんを目指して人に対応していると、優しくなれるかもしれない。それを意識してますね。そこは佐久間さんも共通する部分。「この人だったらなんて言うんだろう？」って考えるきっかけをくれるパーソナリティが今は好きかもしれません。きっと今の私は、仕事で疲れているんでしょう。だからこそ、人に優しくなれるようにありたいから、柔らかいパーソナリティが好きなのかもしれません。

◎私にとってラジオとは○○である

私にとってラジオとは「推し活」である

結局なんですけど、私の中でラジオとは「推し活」だったんだなと。推しを見つけるたびに世界が広がる感覚があって。結局どの時代もそうなんです。そこから派生して広がるので、ラジオは推し活だなと思いました。

たけしさんが好きになっていろんな芸人さんに興味を持ったり、山里さんが好きになって、『たまむすび』や『JUNK』を聴くようになったり。佐久間さんを好きになって、Netflixを見るようになったのもそうですよね。全部推しから広がっているわけで。

経験的には10年スパンなんで、しばらくは佐久間さんから変わらないと思います。これまで若い人や女性に興味が向いたことはないんですけど、そこが推しになったらちょっと変わって面白いかもしれないですね。

ラジオをたくさん聴いていた時なら、「ラジオとは体の一部」と答えたかもしれません。常日頃から普通に近くにあるものだったので。でも、今はもっとポップな感じで関わっているのかなと思います。

コラム13

結婚発表

鹿児島おごじょさんの証言で出てきた『山里亮太の不毛な議論』（TBSラジオ）での結婚発表は2019年6月のことだ。同日、蒼井優との結婚会見を行った山里は生放送に臨み、自らの口でリスナーに結婚を伝えた。恨みや妬みばかりラジオで喋ってきただけに、自分が結婚して幸せになることへの悩める心中を告白。そのうえで、あるリスナーから「僕らは幸せになる日におめでとうって言える準備できています」と背中を押されたことを明かし、たくさんのリスナーから祝福された。

相方である山崎静代も2022年12月に『不毛な議論』内で結婚をサプライズ発表。「相方にも秘密にして、突然ラジオで発表する」というラジオらしい形で山里を驚かせた。若林正恭が『オードリーのオールナイトニッポン』（ニッポン放送）で結婚を発表した時（2019年11月）はさらに手が込んでいた。しばらく前から「（妄想の）嫁がいる」とネタっぽく発言していた若林は、唐突に「初めて婚姻届書いて思うんだけどさ」と発言。徐々に具体的な話を始め、番組内で相方の春日俊彰にサプライズで報告した。

個人的に印象に残っているのは岡村隆史の場合。2020年10月に『ナインティナインのオールナイトニッポン』で発表された。この年の5月、様々な波紋を呼んだ岡村の発言をきっかけにナインティナインとしてのラジオが復活していたが、騒動の渦中で支えてもらったのが結婚の決め手となっただけに、これまでこのラジオを応援してきたリスナーとしての多幸感は強かった。

山里の場合も岡村の場合も、どちらの回も偶然ゲストがアーティストのａｉｋｏだったのは強調したい部分。両方の番組に縁が深く、ラジオ好きとしてリスナーの気持ちもよくわかるａｉｋｏによる結婚秘話の聞き出し方はとても心地がよかった。

特にお笑いコンビの場合、ラジオでの結婚発表で聴きどころになるのは、この「結婚エピソードの聞き出し方」。リスナーとしてはお相手のことや結婚に至るまでの経緯などが知りたくなるけれど、「驚きすぎて、上手く話せない」という放送になるのもまた楽しい。２０２２年2月、三四郎の小宮浩信が『オールナイトニッポン0（ZERO）』内でサプライズ発表した時は、相方の相田周二が驚き、そして喜んだために上手く聞き出せなかった。各方面からツッコまれたが、その雰囲気がリアルで逆に2人の気持ちが余計に伝わってきた。結婚に限らずだが、「ラジオで最初に発表したかったけれど、報道されてしまった」というのも定番トーク。そんな発表に至るまでのごたごたが聴けるのもラジオならではだろう。

お笑い芸人以外でも、ラジオで結婚発表を行うパーソナリティが増えてきた。「記者会見をやったら厳しくツッコまれる。でも、しれっと発表したらファンを無視することになる。だから、気軽なラジオが一番手っ取り早い」と書かれたネットニュースを読んだことがある。ただ、ラジオが選ばれるのはもっとシンプルな理由ではないかと思う。音声のみのメディアだから、時間をかけて自分の気持ちをじっくりと語ることができる。そして、リスナーはそれを正面から受け止めてくれる。そういう関係性があるからではないだろうか。

「パーソナリティとリスナーの間には共犯関係がある」なんてもっともらしく書いたことがあるけれど、実際はそんな小難しい話ではなく、ラジオを通じて何年も時間を共有することで、両者の間で喜怒哀楽の感情がリンクしてくるのだと思う。だから、完璧ではないとしても、真意がしっかりと伝わる。ラジオでは身内が亡くなった訃報が語られることもある。「そういう回って逆に面白いんだよな」なんて言うリスナーもいるが、そのほろ苦い笑いが理解できるのは、前提としてその人の悲しみもちゃんと伝わっているからだろう。

もう一つ、結婚発表はある種の儀式的意味合いがある。結婚したお相手がラジオの登場人物になるスタート地点になるのだ。たとえ頻繁には語られなくても、フリートークなどで言及される機会は増えるし、その存在はリスナーの意識に徐々に根付いていく。そんな意味合いがあるのも、パーソナリティとリスナーの間に確かな信頼関係があるからだろう。

ラジオネーム

リトル高菜

男性／20歳（2002年生まれ）／埼玉県出身／大学生

人生はままならない。けれどラジオがある

2018年、リスナー10人を連続してインタビューするというよくわからないイベントを開催した。その中で取材した一人が当時高校1年生だったリトル高菜だった。「死にたいと思っていた時にラジオに救われた」という話を聞いて心を揺さぶられた私は、「20歳になったら酒でも飲みに行こうよ」なんて話したのを覚えている。5年ぶりに再び話を聞くと、ラジオにハマりすぎた彼はあれから別の問題に直面していた。人生とはままならないもの。ラジオを乗りこなすのも意外と大変だ。

ゲームの代わりに聴き始めた深夜ラジオ

物心ついた時にはラジオが近くにありました。家族で移動する時に聴くカーラジオとか、建築士をしている父の仕事の作業場で流れているラジオとか。周りでTBSラジオが流れているのが当たり前だったので、気が付いたらそこにあった感じです。小さい頃なので番組の中身までは記憶にないんですが、野球中継をやっていたのはおぼろげながら覚えています。

自分で聴くようになったのは中学生になってからです。中学1年生の頃、夜更かししてゲームをやってストレス発散するのが日課になっていました。プレイしていたのは『ポケモン』だったと思うんですけど、もう寝落ちするまでやり続けていて。「ゲームを楽しむ」というより、ただの「作業」みたいになっていました。

ストレスを溜め込んでいたのは、部活や学校生活に適応しづらいタイプだったから。部活は陸上部に所属していました。周りからは文化部じゃなく、運動部を勧められたんですけど、僕は球技が苦手なので、それなら陸上が一番マシだろうというのが選んだ理由で。中学って選択肢が狭い中で部活を選ばなきゃいけないんですよね。気軽に変えられないし。陸上部では長距離をやっていましたが、正直そんなに速くなかったですし、いろいろとあまり上手くいってなくて。だから、日頃のストレスを清算するために夜更かししている感覚でした。

ただ、心配していた母がそんな状況を変えようと、DSを隠して、夜更かしできない状況にしようとしたんです。でも、眠れないので「何かないかな?」と考えた時に、小さいラジカセが目に止まって。親がTBSラジオを流していたから、ラジオを聴くことにハードルはなかったんで、さっそくつけてみたんです。その時に流れてきたのが、『JUNK』(TBSラジオ)の『爆笑問題カーボーイ』でした。

爆笑問題はテレビの中の人というイメージでしたけど、ラジオでのお二人のトークに惹かれて、ラジオってこんなに面白いんだと驚きました。あと、ハガキ職人という存在をそれまで知らなかったので、「こんな面白い人たちがいるんだ」というのも衝撃的でした。お笑い自体は好きだったので、他にも『バナナマンのバナナムーンGOLD』(TBSラジオ)などを聴くようになりましたね。

『JUNK』が始まる前の夜10時ぐらいにTBSラジオをつけてみたら、お堅いニュース番組だったので、これは無理だなとツマミを回したら、一番近くにあった周波数が文化放送で。その時は『レコメン!』をやってました。

『レコメン!』はまだ坂道系のアイドルたちがアシスタントじゃない時代でしたけど、パーソナリティのオテンキのりさんが『JUNK』と比べると若くて、世代的には馴染みやすい印象でした。電話をする企画があると知った時は、「リスナーが電話できるんだ!」とびっくりして。パーソナリティと直接交流できるシステムがあるラジオって凄いんだなと。テレビじゃありえないですから。

「死にたい」日々の癒やしになった新内眞衣のラジオ

当時の僕にとってラジオの位置付けは、生活の補助的な意味合いが強くて、メインという感じではなかったです。まだradikoも一般的じゃなかったですし、そんなにドップリと浸かってはいないけど、単純に聴いていて楽しいものという認識でした。この頃は自分から投稿しようとは思いませんでしたね。送ろうという気持ちが自分に存在しない感じで、聴く専門でした。周りの友達とラジオの話をした経験もないです。自分だけでひっそりと楽しむものでした。

受験勉強が始まる頃って気持ちがローになるじゃないですか。部活を引退して、いざ勉強するとなったタイミングで落ち込むことが増えて、メンタルが急降下し、「死にたい」なんて考えるようになっていました。今思うと、明らかな睡眠不足も理由の一つだったんだと思います。もともと夜更かしすることが多かったですし、眠れない日もあったので。当時のメンタルでは、お笑い系のラジオを聴くのもしんどいくらいでした。

そういう気持ちになると、なんの目的もなく夜更かしする日ってあるじゃないですか。気付いたら深夜3時になっていたっていう。もうradikoは使っていたんですけど、TBSラジオも文化放送も歌謡曲の番組で面白くなくて、なんとなくニッポン放送にチャンネルを変えて、初めて新内眞衣さんの『オールナイトニッポン0（ZERO）』（ニッポン放送）を聴いてみたんです。『オールナイトニッポン』の存在は知っていましたが、それまでほとんど聴いたことはありませんでした。

この時点で乃木坂46のことは知っていたんですけど、新内さんは認識してなかったんです。なので、失礼な話ですけど、最初はその番組しかないから仕方なく聴いたというか（笑）。でも、耳を向けていると、良い意味で乃木坂感がなかったんです。〝ゴミ出ししている時にたまに会うお姉さん〟みたいな距離感がよくて。この番組のコーナーで「（埼玉の常識は、全国的にヤンキー⁉ 埼玉出身・新内眞衣が完全否定！）元ヤンチェック」というのがあったんです。〝埼玉あるある〟のコーナーなんですけど、内容がくだらなくて。僕も埼玉県在住ということもあって、「死にたい」なんて思っていたはずなのに、フッと笑うことができたんですね。

それまで聴いていた『JUNK』は、あくまでその時の僕にとってですけど、笑いはするけども、深いところまで入っていなかったというか、記号でしかない時間だったというか。面白いのは確かなんですけどね。

新内さんの番組には初めて感じる心地よさがありました。新内さんの顔をすぐ検索して「こんな顔をしてるんだ」って。「私の名前で画像検索すると、想像通りの20代の顔が出てきます」というジングルがありましたけど、本当に「想像通りだ」って思いました（笑）。新内さんがきっかけで、TBSラジオと文化放送しか知らなかったところに『オールナイトニッポン』が入って、ラジオ熱が加速していきましたね。

人生でラジオを一番聴いていた時期は、無事に進学した高校1年生の時期でしょうね。ラジオ熱が高まったので、乃木坂ファンとラジオリスナーとして専用のTwitterアカウントを作ったんです。そうするとタイムラインにいろいろな情報が流れてきたんですよ。新内さんのことはもちろん、アルコ&ピースや三四郎、オードリーのラジオが面白いというつぶやきを見かけて、「空き時間にタイムフリーで聴いてみよう」と考えて、手を広げるようになりました。Twitterで情報が入ってきたのは大きかったですね。この頃は今考えると頭おかしいぐらいの量を聴いてました。普通に陸上部でやり投げを練習しながらですからね。

初めて投稿してメールが読まれたのは、新内さんがパーソナリティだった特番の『乃木坂46真夏のラジオリクエストアワー』（ニッポン放送）。自分が送った内容が紹介されるのは不思議な感覚でした。感動とは違うし、他の何かでは代用できない興奮があるというか、言葉では上手く表せない感情で。自分はハガキ職人と言われるほど採用されてないですけど、読まれるとアドレナリンが湧き出ます。

ラジオにのめり込みすぎて破綻した高校生活

Twitterを始めたことで人間関係も変わりました。新内さんのリスナーだった高校の同級生と仲良くなりましたし、アルコ&ピースが好きな友達もできたんです。この人は今でも繋がりがあるんですけど、愛知県在住の高校生だったんですよ。今は上京して東京の大学に通っていますけど、たまに遊んでいます。こういう交流はラジオのおかげで広がって、普通に生活していたら出会えないような人と知り合えました。

ただ、メールも送るようになり、ラジオにドップリと浸かりすぎてしまって……。高校ではちゃんと授業を受けて、そのあとに陸上部をやって。家に帰って、宿題をやり、仮眠して、深夜3時に起きてラジオを聴き、ちょっと寝たらまた学校に行く。そんな生活サイクルになっていたんです。初めてできたのめり込める趣味でしたし、どこか気持ちがハイになっていて。今考えたら、破綻してもおかしくないですよね。以前、村上さんにインタビューしてもらったのはそんな時期でした。

きっかけは体育の授業でした。高校1年生の時、外周を走る課題があったんですけど、僕はノルマより遅れてしまい、ペナルティで放課後に個別に呼び出されまた外周を……みたいなことがあって。それで体育教師と関係が悪くなり、それが引き金になって、学校に行けなくなってしまったんです。外に出るのが怖くて、玄関で靴を履くことまではできるけど、そこから体が動かなくなって。中学の時もそうでしたけど、ラジオにのめり込むあまり、寝不足になっていたのも影響あったんでしょうね。メンタルクリニックを受診したところ、ＡＳＤ（自閉スペクトラム症）や発達障害の傾向が少しあると診断されて。最終的に通信制の高校に転校することになりました。

高校には友達もいたんですけど、学校以外で遊ぶような人はいなくて、どこか浅い関係だったように思います。だから、転校する時はすべての連絡先を消して、向こうから何か反応があっても返信せずにリセットしようと考えてました。新内さんのラジオをきっかけに仲良くなった友達とも関係を切ったんです。転校するし、もう友達でいられないんじゃないかと考えて、行方不明みたいな形にしようと。でも、のちにその友達はTwitterで「あの時の○○だよ」と連絡してきてくれて。それで高校が変わっても会うようになりました。凄く申し訳ないことをしたのに、今でも交流があるので本当に感謝しかないです。

前のようにムチャクチャのめり込まなかったですが、通信制の高校では部活をやっていなかったので、ラジオが青春みたいな感じでしたね。アルコ＆ピースの酒井（健太）さんが静岡でやっていた『まだ帰りたくない大人たちへ　チョコレートナナナナイト！』（ＳＢＳラジオ）を聴いてたんですけど、イベントをやるというから、埼玉から鈍行で4時間かけて静岡に行ったり、さっき話した愛知のリスナー友達に会いに行ったり、乃木坂のライブに参加したり。ラジオが絡むと不思議と行動力が出たんですよ。アルバイトも始めて。通信制に移ったことで、ようやくいい具合に生活できるようになりました。

そんな風に一度はコースアウトしそうになりましたが、今は4年制の大学に通っています。まあ、適応はできているかなと。サークルには入っていません。友達とコミュニケーションは取りますけど、基本は一人でいたほうがいいタイプで、干渉されないぐらいの環境がいいのかなって。同じ大学にラジオ好きの友達がいなくても、他にいればいいですし、根は変えられないですから、一番気楽な環境でいたほうがいいなって感じています。

いろんな感情が押し寄せてきた初めての番組終了

最近はリアルタイムで聴いてないですけど、Spotifyのポッドキャストで、佐久間宣行さんや霜降り明星の『オールナイトニッポン』を聴いています。通学時間にはＴＯＫＹＯ ＦＭの『山崎怜奈の誰かに話したかったこと。』をよく聴いていて、良い意味でＢＧＭというか、ラジオに行きすぎない感じですね。ニュースやゲストコーナーもあるし、山崎さんのアナウンサーっぽい感じが今の自分には合っているんだと思います。

今でもたまに「死にたい」と思う時はあります。でも、この感情って脳のバグで波みたいなものなんですよ。だから、不安や緊張を和らげる頓服のお薬を飲んで、不器用なりに上手くコントロールしてやっています。「死にたい」と思う時って、将来のことを考えちゃって「こんな生活をずっと繰り返すぐらいだったら死にたい」って悪いほうにループして、そうなるんです。だから、ループを無理矢理にでも止めて抑えていますね。

2022年2月に『乃木坂46のオールナイトニッポン』から新内さんが卒業しました。最後の回を聴いた時は、感動とか、悲しさとか、「いい最終回だったな」という思いとか、いろんな感情が押し寄せてきて、わけわからなくなっちゃいました。「来週からはないんだ」という気持ちはあるけども、終わると言っても打ち切りではなく、きれいな終わり方で。好きな番組が終わるのはリスナー歴5年目で初めてだったんです。初めての感情だからなんと表現すればいいのかわからなくて。パーソナリティが久保史緒里さんに変わってからもちょくちょくは聴いています。

最近の変化と言えば、声優さんのラジオもたまに聴くようになりました。ゲームアプリの『ウマ娘　プリティーダービー』とDIALOGUE+という声優ユニットの曲にハマって。そこから派生して、アニメの『CUE!』に広がり、超!A&G+や音泉というWEBラジオの存在を知って、今はたまに声優さんのラジオを聴いています。毎週必ず聴いている番組はないんですけど、声優さんのラジオは気になっていますね。

ただ、歯がゆさもあって。『オールナイトニッポン』はSpotifyでも配信していて、簡単にアクセスできるからまた聴き始めているんですけど、声優さんの番組はＵＩの面やアーカイブがないなど、環境的に聴きづらいじゃないですか。そこが変わればリスナーも増えるのになって思います。

◎私が思うラジオの魅力

肉声だからこその力

ネットでは得られないコアで血の通った情報が聴けるところです。例えば、新内さんだったらドラマの『やまとなでしこ』が再放送した話を何週もかけてしていたんですけど、それは他のメディアだとできない話で。

リスナーのメールもそうです。ネットの意見だと「○○がオススメです」という文字列でしかなく、信頼性がそこにあるかと言われたら微妙なんですよ。でも、ラジオは出身地とか、年齢とか、ラジオネームとか、読まれないけど氏名・電話番号まで書いていて、その人が人生で得た信頼性があるんですよね。それは他のメディアにはない魅力かなって思います。

全部に体温があるというか、肉声だからこその力がある。YouTubeにはYouTubeの魅力がありますが、ラジオにはラジオにしかない力があると思います。

番組個別で言うと、文化放送が定期的に放送しているASMR特番に魅力を感じます。まともな大人が寝静まった時間に真剣にくだらないことをやっている良さが詰まっているなって。秋元真夏さんが喋らずにただとんかつを揚げる音を90分間流すなんて……。そういうバカバカしさは面白いなと思いますね。芸人さんのラジオもそうですが、バカバカしいと感じながらも、面白いから僕はラジオを聴いているんだと思います。

◎ラジオを聴いて人生が変わった瞬間・感動した瞬間

最悪なことがあっても「二推しサンタ」のネタになるって思えた

ラジオを聴いていてというより、生活していての話なんですが、2020年からコロナ禍に突入したじゃないですか。僕は大学受験の年だったんですけど、「この先どうなるんだろう？」と不安になって。でも、そんな時に〝ラジオは全曜日いつもの時間にいつも通りに放送されていたこと〟はとても大きかったですね。それはいまだに心に残っています。

あとは新内さんの『オールナイトニッポン』では「二推し家サンタの史上最悪のクリスマスプレゼントショー」という年末恒例の企画があったんです。明石家さんまさんの『明石家サンタの史上最大のクリスマスプレゼントショー』のパロディで、自分が「二推し」だと感じた残念なエピソードを募集していて。僕もそれに送っていました。

例えば、高校3年生の時、自分が親友だと思っていた人に「学費が足りないからお金を貸してほしい」と電話で言われて、自分は親友だと信頼しているから必ず返してくれるだろうと思い、4万円貸したら、その相手が音信不通になっちゃって……とか。ディズニーランドが好きな女友達がいて、「行きたいな」って言っていたからチケットを送ったら、「世界一大切な場所だから、安易にあなたと行きたくない」とドタキャンされて……とか。

そういうメチャクチャ最悪なことがあっても、頭の片隅では「これは年末のネタになるぞ。『二推しサンタ』に向けてストックが一つ増えるぞ」って思えたんですよね（笑）。この企画が節目節目で救ってくれて。もちろんへこむはへこむんですけど、ギリギリで耐えられる感じでした。結果的に僕のメールは読まれなかったんですけど、読まれる読まれないは別として、消化できる場所がそこにあったのは大きかったです。

◎特にハマった番組

ラジオの面白さを教えてくれたアルコ&ピースと新内眞衣

アルコ&ピースと新内眞衣さんは、ラジオの面白さを教えてくれたパーソナリティですね。アルコ&ピースは『アルコ&ピース D.C.GARAGE』（TBSラジオ）だけじゃなく、過去の音源も漁って、一時は「アルピーの出ているラジオは全部聴く」みたいになっていました。その2組が高1でラジオにハマった時のブーストになりましたね。今は『D.C.GARAGE』や新内さんの出演している『土田晃之 日曜のへそ』（ニッポン放送）もタイムフリーで聴ける時に聴くみたいな感じで、変に縛られなくはなりましたけど。

アルコ&ピースのラジオは、平子（祐希）さんの妄想話にリスナーがメールで加わって、どんどん膨らんでいくところが面白いと思いますね。酒井さんの悪乗りも好きです。テレビに出て上手くいかなかった時にラジオで反省会をするのも面白いですね。

『アルコ&ピースのオールナイトニッポン』には『D.C.GARAGE』と別の面白さがあって。ぶっ飛んだ企画がたくさんあるし、「ラジオってこんなに自由度の高いことができるんだ」ってハマりました。最近のお二人は追えないぐらいテレビにたくさん出ていて、本当に嬉しいなと思います。新内さんもそうですけど、ラジオを聴いていた人がテレビに映るとテンションが上がりますね。

今、一番面白いなって感じているのは『佐久間宣行のオールナイトニッポン0（ZERO）』です。年齢は離れていますけど、オジサンだからこその面白さがあって。ラジオを聴き始めた取っかかりも爆笑問題で年齢層が高めだったので、ジェネレーションギャップはあまり感じてないです。

神回と呼ばれて、表彰（日本民間放送連盟賞ラジオ部門中央審査生ワイド番組部門最優秀）された高校1年生の娘さんと旅行に行った回（2022年4月6日放送）は、佐久間さん視点じゃなく、娘さん視点で聴いていました。だから、「親孝行したくない」というメールが来た時も理解できるところはあったんです。「したくない」という裏側に意図があるのもわかるから、難しいんだよなって。でも、この放送を聴いて、僕も親孝行しようと思いました。それからは「ありがとう」や「美味しかった」って口に出そうと考えるようになりましたね。

◎印象に残る個人的な神回

1部昇格と専属モデル決定を新内眞衣が発表した回

新内さんが『オールナイトニッポン』1部への昇格（2019年3月16日放送）と「ファッ

ション誌の専属モデルになる」とラジオで初めて公表した回（3月6日放送）が印象に残っています。人の人生が動く瞬間に居合わせた感覚があって。「1部に昇格します」と「専属モデルが決まりました」という報告を真っ先にずっと聴いてたリスナーに向けて報告してくれた。パーソナリティの結婚発表もそうですけど、リアルタイムで人生が動く瞬間を伝えてくれたことに感動しました。新内さんが「1部でもパーソナリティをやる」という衝撃と「2部から上がる」という高揚感が印象深いですね。

さっきも話しましたが、新内さんのトークって乃木坂っぽくなかったんです。アイドルっぽくないところが僕は逆に好きでした。

僕が聴き始めた数年前に比べると、着実に成長し、変化している部分はあるんですけど、やっぱり根は同じなんです。天然ボケのところは変わらなくて、とてもラジオ向きだと思います。以前に比べたらライトなファンにはなりましたが、それでもいまだに新内さんを推してます。グループとしての乃木坂46は今でも好きなんですけど、前ほどは……という感じなんで。僕にとっては新内さんあっての乃木坂だったんだと思います。

◎ラジオを聴いて学んだこと・変わったこと

いろんなことを広げてくれた

大学にはリアクションペーパーというものがあって、授業終わりに今日の感想や質問を書いて提出したら出席になるというシステムなんです。授業の最初に前回のものを抜粋して、復習がてらスライドで紹介するんですけど、そこでの採用率がラジオのおかげで高くなりました（笑）。ラジオに投稿してないと付かない筋肉が付いたと思います。思わぬところで投稿経験が生きているなって感じました。

あとは趣味の守備範囲が広くなりました。Creepy Nutsはラジオがきっかけで曲を聴くようになったんですけど、サブスクでも似たような音楽をオススメされると、どうしても偏りがあるじゃないですか。でも、ラジオって思わぬ角度から曲が流れてくる。その曲が気になって、専門外のジャンルのアーティストも聴きたくなる。そんな風にいろいろなことを広げてくれるメディアだと思います。

旅行したり、出かけたりするにしても、「ラジオであの人が話していたから」という理由で行動するようになりました。DJ松永さんが話していたとんかつ屋に行ってみる。そんな風に行動の幅も広げてくれますね。

新内さんのラジオがきっかけで成人式にも行ったんです。元々いじめられていたのもあって、行きたくない側の人間でしたが、毎年新内さんが「成人式には行ったほうがいいよ」と熱弁していて（笑）。結果、行って凄く楽しかったんです。本当に新内さんには、ありがとうとしか言えないです。

◎私にとってラジオとは○○である

私にとってラジオとは「お守り」である

本当にこの質問には困りました。取材を受ける5分前までずっと考えていて（苦笑）。一番しっくり来るのは「お守り」です。ラジオのノベルティとか、グッズとか、そういう実体のあるものもそうなんですけど、聴いていて救われる瞬間、守ってくれる瞬間があるなって。他にはない、ラジオにしかない力があると思います。自分はこれからもラジオと生きていくんだろうなって意味で、「お守り」という言葉を選択しました。

凄く守ってくれたり、ずっと一緒にいてくれるわけじゃないけど、近くにいてくれる。なんとなく側にいるだけなんですけど、それが生きていくうえで助けになるんです。僕は本当にラジオに生かされているというか。ここぞって時に救ってくれるんですよね。ちょっとハマりすぎた時もありましたが（笑）。

コラム14

佐久間宣行の登場

世代を越える深夜ラジオ

主婦である鹿児島おごじょさんからも、大学生のリトル高菜さんからも支持される佐久間宣行は今の深夜ラジオを象徴するような存在だ。

もともとラジオ業界を志していた佐久間だったが、ニッポン放送の三次面接で落ちてしまい、テレビ東京に就職。その後、『ゴッドタン』のプロデューサーとして活躍するようになった。ラジオ好きは変わらず、時折、Twitterなどで感想をつぶやいていた。

そのつぶやきをめざとく見つけたのが、この本で何度も登場する『アルコ&ピースのオールナイトニッポン』（ニッポン放送）のリスナーたちだ。「アルコのオールナイト聞きながら、寝る。」というなんてことはないツイートにもかかわらず、それをきっかけに佐久間をいじるメールが番組に殺到。「コネ入社」「Twitterのアイコンがカッコつけてる」などと〝佐久間イジリ〟が定番化し、ついには本人が番組に乱入するに至るまでエスカレートした。

乱入時に「佐久間宣行のオールナイトニッポンR！」とタイトルコールまで行い、満足げだった佐久間だが、深夜ラジオリスナーのみならず、ディレクターや構成作家にもインパクトを残し、その後、単発特番が実現。佐久間を熱く支持している秋元康のプッシュが最後の一押しとなり、2019年4月に『佐久間宣行のオールナイトニッポン0（ZERO）』がスタートする。以前、レギュラー放送に至るまでの細かい流れを1万字超えの原稿にまとめ、私の個人ブログで公開したことがある。気になる方は検索してもらいたい。

テレビ東京に所属する40代のテレビプロデューサーが深夜ラジオの生放送を担当するのはとにかく異例の出来事。ただ、佐久間がリスナーの支持を集めたのは、異例な状況は関係なく、明快な理由がある。大前提としてあるのは「ラジオが好きで、毎週とにかく楽しそう」なこと。そのうえで「フリートークが面白い」からだ。「各ジャンルのエンタメに詳しくて、オススメを教えてくれる」「テレビプロデューサーらしくバラエティ番組の裏側を話してくれる」「大物ゲストをブッキングしてくれる」などがこの番組の魅力と言われがちだが、リスナーを引きつけて離さないのは、シビアなテレビ業界の責任のある立場ながら、仕事もプライベートも目一杯楽しむ姿勢がわかるフリートークと、そこから伝わってくる人間性だと思う。

ここ最近で起きている面白い現象は、裏方ではなく、出演者として有名になっていく過程をリスナーに追体験させている点。テレビ東京を退社し、フリーに転身したことで、顔を出してメディアに登場する機会が増えてきた。NHK大河ドラマ特番の進行役、テレビの深夜バラエティのMC、さらにゴールデンタイムでこの数十年間のバラエティ番組をけん引してきた松本人志&中居正広との共演も果たした。その裏側の内幕や失敗談も余すところなく番組で伝えている。前の項で「ラジオをきっかけに有名になる」「ラジオに強い思い入れがある」のがラジオスターの条件と書いたが、佐久間はこれに当てはまっている。

番組が世代を越えたリスナーたちを繋ぐハブになっているのも面白い状況。象徴的なのはこの本でも触れている高校1年生の娘さんと箱根旅行に行った話をした回（2022年4月6日放送）。鹿児島おごじょさんは佐久間と同じ親目線で、リトル高菜さんは娘さんと同じ子供目線でこの話を聴いていた。

学生リスナーにインタビューすると、この放送を聴いたことで「親に感謝の気持ちを伝えるようになった」と振り返る人が多い。深夜3時からの番組だけに、早起きした年配のリスナーがメールしてくる時もあり、結果的に3世代のリスナーが楽しめる番組となっている。

世代を越えてリスナーが繋がり、共感や理解を深めるというのは、新しい深夜ラジオのあり方かもしれない。どうしても「若いリスナーは中年パーソナリティのトークにジェネレーションギャップを感じて、敬遠してしまうんじゃないか」と考えてしまうが、意外にも「知らない話を聴けるのが楽しい」という意見も聞く。サブスク全盛の今、自分の興味には引っかからないことを、熱量を込めて伝えてくれるのが面白いらしい。形やリスナー層の違いこそあれど、他局も含めて深夜ラジオはそういう方向にシフトしつつある気がする。

ハブになっていると書いたが、佐久間はテレビプロデューサーが本職だけに、他の『オールナイトニッポン』や『JUNK』（TBSラジオ）のパーソナリティとも関わりが深く、他局のラジオ番組にも定期的にゲスト出演していて、ラジオ界のハブにもなっている。深夜ラジオの世界に足を踏み入れるなら、『佐久間宣行のオールナイトニッポン0（ZERO）』から聴き始めるのがいいかもしれない。まずはアーカイブ配信されている箱根旅行の回を聴いてみるのはいかがだろうか。

ラジオネーム

昭和の窓辺

男性／62歳（1960年生まれ）／東京都出身／会社員

人生を諦めかけた時も、そこにラジオがあった

お笑い芸人の番組が好きになり、勇気を出してハガキ（今ならメール）を送り、初採用で味わった興奮が忘れられず、投稿にのめり込む。若いハガキ職人の典型的なパターンで、これまでに何千回、何万回と繰り返されてきたことだ。若者にとってはあまりに鮮烈な経験で、その喜びと快感は人生が一変するほどのパワーを秘めている。ならば、中高年のオジサンが投稿に目覚めたらどんな化学反応が起きるのか。昭和の窓辺が投稿に目覚めたのは40代後半。人生に諦めを覚えるようになった頃だった。

中学生の時、ラジオ出演で得た快感

私の世代でも生まれた頃から家にテレビはありました。もちろん白黒ですけど。父親は相撲や野球が好きで、よくトランジスタラジオを風呂場に持ち込み、窓のところに置いて聴いていました。父親が家にいる日は夕方になると、相撲の行司の声がラジオから聴こえてきました。それがラジオに関する最初の記憶。60年代後半のことです。

自分が聴き始めたのは中学生になった頃。私は70年代アイドルと同世代で、歌謡曲が元気だった時代でしたから、ラジオでも週末には各局で音楽のランキング番組をやっていました。歌謡曲好きの私が必ず聴いていたのが、文化放送で土曜日の夕方に放送していた『全国歌謡ベストテン』です。あとは、ロイ・ジェームスさんが司会で日曜日の朝にニッポン放送でやっていた『不二家歌謡ベストテン』。その2番組を中学時代には欠かさず聴いていて、テレビ番組もそうなんですけど、ランキングを全部大学ノートにまとめていました。

テレビが話題を独占するようになっていた時代で、小学生の途中からカラー放送が一般的になり、我が家にも小6の時にカラーテレビが入ってきました。だから、基本はテレビで、ラジオはあくまでサブ的な存在でしたね。ませている子たちがラジオの『欽ドン』(『欽ちゃんのドンといってみよう!』ニッポン放送)とかを聴いていましたけど、あくまでもテレビが主体。お茶の間にあるのもテレビでした。家族でラジオを聴いていたのは私よりもだいぶ上の世代で、昭和30年代ぐらいまでじゃないでしょうか。

他に中学生時代に聴いていたラジオが『円鏡・研ナオコショー　ハッピーカムカム』（ニッポン放送）。１９７４年に研ナオコさんが急に爆発的に売れて、ニッポン放送のイメージキャラクターになったんです。それで、落語家の月の家圓鏡師匠（のちの橘家圓蔵）と平日の帯番組をやるようになって。主婦向けなんですけど、僕らのような放課後の中学生も聴いていて、ハガキを送って読まれると、10～20枚の宝くじをくれる番組でした。この番組に初めて投稿したんです。リクエスト曲は南沙織の「純潔」でした。

夏休みだったと思いますが、「いつも楽しみに聴いています。２人とも絶対に番組を降ろされないようにしてください」なんて書いたら、「これ、絶対ニッポン放送のスタッフの子供だよ」みたいに言われて。それで電話がかかってきて、ラジオに自分の声が流れたんです。そのあともう１回採用されたんですけど、その時はまだ学校から帰ってきてなくて、母親が代わりに出ました。

ラジオ出演は当時の私にとって快感でしたね。もともと小学校の頃から、見た目こそ奥ゆかしかったんですが（笑）、実は目立ちたいという気持ちが強かったんです。小１の時に学芸会の主人公をやったこともありました。結構滑舌がよくて、国語も得意だったから、ラジオでも上手く話せたんですよ。

テレビで子役の演技を見ては、「あれぐらいなら僕でもできる」ぐらいに思っていました。小学校高学年では放送委員になり、放課後、「下校の時刻になりました。校庭にいる人も教室に残っている人も車に気を付けて早くお家へ帰りましょう」なんてアナウンスをしていましたね。自分の声が校庭に流れるのも快感で、中学校でも放送委員をずっとやっていました。当時はアナウンサーになりたかったんです。

ラジオ＝音楽だった中高時代

他の番組でいうと、夜にラジオの『欽ドン』も聴いていましたし、鈴木ヒロミツさんと岡崎友紀さんがダジャレで歌を紹介する『ヤング作戦』（ニッポン放送）や、夏木ゆたかさんの『歌う明星ヤングソングショー』（文化放送）も聴いていました。高校時代よりも中学のほうがラジオを聴いていたと思います。ラジオが大好きって意識はないのに、こうやってお話をさせていただくと、「これも聴いていた」とか、「あの時もラジオがあったね」とか、思い出すんですよね。半分空気みたいな存在だったんだと思います。

私はあまのじゃくなので、学生時代からメジャーなものはあんまり好きじゃなかったです。

みんなが聴いている、みんなが見ている番組にはあまり手を出さなかったので、深夜ラジオにもほとんど触れませんでした。私たちの世代は今と違って娯楽が少なかったから、とりあえずテレビなんですけど、その中でラジオを聴いているのは受験生か、ちょっと変わったヤツみたいなイメージがあったと思います。深夜ラジオで活躍していた糸居五郎さんや土居まさるさん、ナチチャコ（野沢那智&白石冬美）の名前は知っていますけど、個人的には兄貴的なノリが嫌いだったので、触れていませんでした。

テレビやラジオよりも音楽自体が好きになった中学時代は、エアチェックに熱中していました。まだCDがない時代ですから、ラジオからカセットテープに音楽を録音して、それを楽しむ文化があったんです。『FMレコパル』という情報誌が出ていた時代で、どのラジオ番組で何の曲が流れるのか、誌面に掲載されていたんです。ラインマーカーで曲をチェックしては、よくカセットに録音していました。高校の時もエアチェックは続けていました。当時の私にとってはラジオ＝音楽だったんです。お笑いにも興味がありましたが、それはラジオじゃなくてすべてテレビでしたね。そこまでお笑いには執着してなかったです。

高校ぐらいになると周りは洋楽を聴き出すんですけど、私はずっと『明星』（現Ｍｙｏｊｏ）や『（月刊）平凡』といった雑誌を買い続けて、歌謡曲中心でした。高校は男子校だったんですが、周りはみんなアイドルから卒業しちゃって、「まだ百恵とか、淳子とか、下の名前で呼んでるんだ」って小馬鹿にされて、「いいじゃないか」って言い返していましたね。

大学生になると、周りはフュージョンとか、クロスオーバーとか、そういう洒落たジャンルを聴いていました。私のようにベタベタの歌謡曲好きはなかなかいなかったです。ただ、80年代になると、さすがに私も年下のアイドルはもういいかなと思うようになって。大学時代は麻雀やサークルの飲み会を楽しんでいました。大学までの通学に1時間ぐらいかかったから、テレビやラジオに触れる時間が少なくなり、代わりに新聞を読むようになりましたね。

心が震えた男爵様の反応

就職したのは毎年コンスタントに新卒が入ってくる会社だったので、社会人になってからは人付き合いが楽しく、ラジオを聴くことはさらに減り、完全にお別れしたような状態が何十年も続いていました。そんな状況を変えたのがお笑いコンビの髭男爵です。2007年後半に、髭男爵が「ルネッサ〜ンス」で一世を風靡した時は顔も認識していませんでした。正直、貴族の格好をして、「ルネッサンス」って叫んで何が面白いんだ、と思っていましたよ。

印象が変わったきっかけは『天体戦士サンレッド』というアニメです。城南地域に住んでいたんで、TVKテレビが見られるんですけど、テレビをつけたら偶然やっていたんです。普段からアニメが好きだったわけじゃないんですが、それがメチャクチャ面白かったんですよ。特に惹かれたキャラクターが、主人公の宿敵で〝カリスマ主夫〟の異名を持つヴァンプ将軍。その声を男爵様（山田ルイ53世）がやっていました。相方のひぐち君も一応出ていたんですけど、このアニメにメチャクチャハマり、「もしかしたら髭男爵って面白いのでは」とようやく顔も認識したんです。男爵様が『髭男爵　山田ルイ53世のルネッサンスラジオ』（文化放送）をやっていると知り、気になって聴き始めました。

番組は2008年9月に始まったばかりで、当時は文化放送の社屋に設置される大看板にもなり、放送していたのも火曜日深夜の物凄くいい時間帯で、期待もされていました。でも、裏には爆笑問題やくりぃむしちゅーの番組があり、あまりにもそれらが強くて、半年で日曜の明け方に左遷されちゃったんですね。それでも私は聴き続けていました。

当時の私は48歳でしたが、髭男爵のトークイベントがあると耳にし、清水の舞台から飛び降りる思いで、初めてコンビニでチケットを買い、勇気を出して見に行ったんです。前のほうの席で観覧できたんですが、物凄く面白かったんですね。すぐに感想メールを『ルネラジ』に送りました。ここは自分でもいやらしいと思うんですが、「この年（48歳）で」みたいな感じで年齢をアピールしたら、案の定、読んでくれたんです。男爵様もこんなリスナーがいるんだと驚いてくれて。その時は心が震えましたね。

ラジオネームはこの時に決めました。学生時代、修学旅行や移動教室に行く際に、手引きみたいなものを作るじゃないですか。「そよ風」とか「しおり」とかタイトルをつけると思うんですけど、自分の中では「○○の窓辺」という形が印象に残っていたんです。例えば、「年金生活の窓辺」みたいに心の拠り所みたいなイメージ。それに仕事でも「○○手続きの窓辺」みたいなマニュアルを作ったこともあったので、「窓辺」は使いたいなと。私は骨の髄まで「昭和」なので、それで「昭和の窓辺」にしました。

髭男爵のファン代表としてテレビ番組に出演

そこから1年間は毎週のように読まれていました。そのうち、ネイキッドロフトのトークイベントにも参加するようになって。『ルネラジ』も途中で土曜日のゴールデンタイムで2時間やるようになって嬉しかったです。

しかし、それも結局はナイターオフ限定で、半年で終わることになってしまいました。その頃、私はTwitterのアカウントを持ってなかったんですが、試しに覗いてみると、名前だけは知っているハガキ職人さんが「出待ちに行こうかな」みたいなことをつぶやいていました。「自分も行かねば！」と思って、この歳だし、恥ずかしいなと感じながらも、文化放送に行ったんですよ。裏手の駐車場はいかにも『ルネラジ』のリスナーらしい、地味なトーンの服装をしたリスナーがいて、思いきってごあいさつしたら、皆さんがとことん持ち上げてくださったんです。今でもそうですけど、皆さん敬老精神がありますから。結局、番組はポッドキャストで続くと発表されたんですが、出待ちをした時の写真は今でも大切に持ってます。

おかげさまで『ルネラジ』は終わる終わると言われながらも15年目に突入しました。今はポッドキャストがメインですけど、私にとってはまさに命の恩人です。「この番組に軸足を置きすぎてる」と40代の後半からずっと男爵様に言われ続けてますけど、こんなに続いて本当にありがたいと思っています。

何度も言うようですが、私はあまのじゃくなので、みんながワーッとなる人気者には興味がなく、アイドルもそうですけど、ピークが過ぎてからファンになるタイプ。男爵様にハマったのもそういう要素があったと思います。私は警戒心が強くて、人付き合いが悪いようなタイプが逆に好きなんです。まさに男爵様はそうじゃないですか。ひぐち君は凄く社交的で、お友達も多いですけど、男爵様はほとんど友達がいないと番組でも公言されていて。でも、俺が俺がじゃなくて、奥ゆかしいところがいいんです。私は昔から「人の気付かない良さに気付く自分」が好きなんですよね。

もともと私は不精だから、毎週のようにこまめにメールを何十通も送るようなタイプじゃないんです。それでも投稿を続けているのはやはり快感が理由です。他の面白い職人さんもたくさん登場してきたので、今は「とりあえずまだ生きてます」的に不定期に送る程度なんですが。でも、半年に一度はお中元・お歳暮は贈っているので、そうすると必ず番組で触れてくれるんです。スタッフさんたちも、なんだかんだ言って義理堅いんですよ。

2017年にはWEB配信のテレビ番組『めちゃ×2タメしてるッ!』の「ファン対抗！芸人愛NO．1決定戦」という企画に髭男爵のファン代表として出演させてもらい、お情けで準優勝となり冠特番も放送されました。その時に男爵様と約束した「一緒に飲みに行こう」という話は反故にされてしまいましたけど(苦笑)。私が引っ越したことを報告したら、「窓辺の新しい家で録音しようか」なんて言ってくれましたけど、新型コロナウイルスの影響でその話もなくなってしまったのが寂しいところです。

『ルネラジ』に関しては一家言あるというか、『ルネラジ』だけは譲りたくない、みたいな気持ちがあります。当初は読まれる快感に目覚めてそればかりを追い求めていましたが、さすがにここまで来ると、番組が続いてさえくれればいいやという感覚に変わりました。

ラジオを聴くなら〝命懸け〟

『ルネラジ』以外で聴いていたラジオ番組は『笑え金魚ちゃん』（YouTube配信）ぐらい。『ルネラジ』が万が一なくなった時に立ち直れなくなるだろうから、保険の意味で私なんかでも聴けるような番組はないかラジオを通しての若い友人に聞いたら、「変わっている番組なんだけど、『笑え金魚ちゃん』というのがありますよ」って紹介されて。いろんな番組のリスナーがなぜかそこに集まっていると。私は「まるで国連本部みたいだな」って思いました。ここでもメールが読まれたんで、実はこっちを頑張っていた時期もあります。公開収録にも参加して全国に知り合いができ、いまだに繋がっています。

他には聴いてないですね。私は聴いたり聴かなかったりができないんですよ。聴くなら〝命懸け〟ですから、番組数を増やすと、体が持たなくなっちゃうんです。なんでも凝り性なんで、あまり増やすと疲れちゃうんですよね。あとは男爵様が出ている番組をたまに聴くぐらいです。収録ならいいんですけど、生放送をあとから聴くのは悔しく思っちゃうので、この頃は生の番組を聴けていません。それはちゃんと聴かなきゃいけないなって思っています。

『ルネラジ』をきっかけに世代の違うリスナー仲間ができたことは、私の人生にとって本当に大きな収穫です。会社にも若い社員はいますけど、それとは違って同じ土俵で話せる。皆さん敬老精神があるから、一応さりげなく持ち上げてくれて、それもとても嬉しいですよね。どこでも会社というのはだいたい似たような環境・考え方の人間が多いわけで、普段まったく違う世界の方たちには触れないんです。今は10代から50代までリスナー仲間がいて、いろんな世代の方、いろんな環境の方と話すようになりました。

48歳で『ルネラジ』を聴くまでは、趣味はほとんどない状況で、会社以外の知り合いは学生時代の友達しかいなかったんです。今はおかげさまでたくさんできて、私が仕事を引退しても付き合っていける方が何人かできたのは宝物です。これは半分冗談で半分本気なんですけど、私の介護当番を作って、リスナーで回してもらいたいなって（笑）。誰か出世してくれないかなと思っています。

◎私が思うラジオの魅力

いなくなってからありがたみがわかる奥ゆかしさ

普段は意識しないけど、いざなくなってしまうととても困るものではないでしょうか。「こいつ冴えねえなあ」と思っていたのに、死んじゃったら悲しくなるような存在というか。そんなに重きを置いてなかったはずなのに、いなくなったらありがたみがわかるような感じです。

それこそ奥ゆかしくて控えめなんですよね。「俺を聴け！」「私を聴いて！」じゃないところ。今はYouTubeがあって、テレビもあって、そこにラジオがある。オーソドックスで、メディアとしては基本中の基本ですし、日本で放送が始まってもうすぐ１００年経つのに、まだ残っている。そんなところが好きです。

◎ラジオを聴いて人生が変わった瞬間・感動した瞬間

48歳でメールを読まれ「この番組は離したくない」と思った

48歳でメールを読まれた時ですね。久しく途絶えていた快感を味わいました。小学校の時に学芸会で主人公をやったとか、放送委員をやったとか、その感覚が蘇ったというか。

20〜30代は会社の仲間とワイワイやっていたんですが、40代後半になると、片隅に追いやられるような感覚になっていて。その中でメールを読まれて、スポットライトを久しぶりに浴びたんです。

『ルネラジ』初採用の時にメールに書いたんですが、『円鏡・研ナオコショー　ハッピーカムカム』で読まれてから、かれこれ35年経っていたんですよ。10代の頃に採用された時の感覚とはまるっきり違いました。昔は「読まれて嬉しいな」で終わり。自慢にはなりましたけど、子供の頃は投稿を読まれること以外にもいっぱい楽しいことがあるじゃないですか。

でも、48歳にもなると違いました。歌謡曲好きだったから、自分が歌うことが唯一の楽しみだったんですが、声帯が劣化して昔みたいに気持ちよく歌えなくなっていましたし、周りも年を取ってきて、昔みたいにワーワー騒がなくなっていました。そんな時に男爵様にメールを読んでもらったんですね。しかも、「人と違う」「変わっている」と言われることに快感を覚えるタチなので、20〜30代がリスナーの中で、48歳という〝違うところにいる人〟として取り上げられたから、この番組は離したくないって思ったんです。

投稿を続けることで生活も変わったし、新しい交友関係もできたので、まさに『ルネラジ』さまさまです。本当に人生が変わりました。40代後半の頃はもう「人生ほぼ終了」と思っていました。しゃかりきに頑張っても自分はここまでしかいかないと、良くも悪くもわかってくるんです。自分の欠点もかなりわかってくる。しかも、それには直せる部分もあれば、「これを直したら自分じゃない」という部分もあるので、結果として「このまま年を取ったらこうなるんだろうなあ」とハッキリ見えてくる。若い頃からの親友は何人かいましたから、それでもういいかなって思っていたんです。

ただ、ラジオでメールが読まれて、いろんな世代のいろんな境遇の方と知り合い、しかも「窓辺さん」と持ち上げてくれる。しかもラジオは安上がりでしょう？（笑）男爵様と『ルネラジ』にはいくら感謝してもしきれないですね。

◎特にハマった番組

不変的な良さがある『髭男爵　山田ルイ53世のルネッサンスラジオ』

『ルネラジ』以外ありません。聴いたことのない人に勧めるなら……いつ聴き始めてもいいし、いつ卒業しても構わない番組なんです。まったく縛りはなくて、来る者は拒まず、去る者は追わずの番組です。投稿は、その時に読まれなくても半年後に読まれることもあるという。とにかく1回は聴いてみていただきたいですね。「ルネッサ〜ンス」とはまったく違う、男爵様の地頭の良さ、本当の優しさがわかります。一言で言うなら、気軽に聴いて、気軽に抜けてって感じですかね。

昔の回を聴いてもそんなに変わらなくて、古く感じないんです。そういった意味では『水曜どうでしょう』にも似ているかもしれません。そういう不変的な良さがあるんです。

◎印象に残る個人的な神回

もの哀しいピンポンの安い音に、涙して笑った回

以前の『ルネラジ』には、松原うどんさんというディレクターがいらっしゃったんです。プ

ロではなくて、うどん屋でバイトしている方がいたんですね。当時のプロデューサーが収録スタジオを予約し忘れて、急遽会議室で録音した回（2013年6月放送）がありました。放送で使っている「○（ピンポン）」と「×（ブー）」の効果音も流せないから、うどんさんがツールを買ってきて、隣の会議室の声が聞こえる中で収録した回があるんですよ。あの回は悲惨かつ最高でした。

そんな状況を男爵様はおいしいと感じていたと思うんです。面白おかしく嘆き悲しめる男爵様は凄いなと思いました。あのもの哀しいピンポンの安い音には涙を流して笑いました。どんな状況でも男爵様は品格があるんですよ。貧乏くさくないのがいいんです。以前より毒は薄れましたけど、長く続く番組はそれぐらいのほうがいいんじゃないかと思います。

他に挙げるなら、自分が読まれた時は全部神回です（笑）。たまに、自分のメールは採用されてないけど、中高年齢者の話をした流れで自分の名前を出してくれることもあるので、それも神回ですね。

◎ラジオを聴いて学んだこと・変わったこと

いつどんなチャンスがあるかわからない

体が健康であれば、いつどんなチャンスがあるかわからないことを学びました。道徳の本みたいですけど（笑）。30代半ばまで元気だったのに、いろんなことがあって「もういいや」と思っていた人間が、なんだかんだ言って今も生き長らえている。そこにはラジオがあって、『ルネラジ』があったんです。48歳の自分よりも今のほうがずっと交友関係も広いし、若い友人も多いし、何とか人生を楽しめています。

何より健康第一ですが、もう自分はここまでかと思ったら、騙されたと思って『ルネラジ』を聴いて、ある時は正露丸に、ある時は精神安定剤にしていただきたいですね。万病に効くかどうかはわかりませんが、まあ、延命には役立つかと。

不思議と、いろんな病気した方や悲惨な生活の方がリスナーとしてワラワラ集まってくるじゃないですか。そういう話ってなかなか地上波では流れないでしょうから。リスナーを「檀家」と呼んだり「ルネラ寺」と言う人もいますけど、あながち外れてはいないかなと。心の道しるべにはならないけど、とりあえず雨露をしのげる茅葺きの小屋ぐらいにはなると思います。

◎私にとってラジオとは○○である

私にとってラジオとは「最後の砦」である

「すべて」とは言いませんが、「最後の砦」だと思います。「心の正露丸」だとも思います。旅先に持っていくととりあえず安心みたいな。

ラジオって「親友じゃないし、一番大切じゃないけど、死んじゃったらショックを受ける」ような存在ですよね。最近の『ルネラジ』では結構高齢者リスナーさんのメールが読まれることが増えて、ライバルが多くなってきています。一番疎まれる意見だと思いますけど、古参リスナーのこと〝も〟気にしていただきたいと思います。こと〝を〟じゃなくて。まあ、このまま続いていただければそれで充分。いろんな思い出を作っていただきましたから。

投稿すると採用されるかどうか気になって集中できないという意見もあるでしょうけど、「もう読まれないかもしれないけど、いつかまた……」という気持ちが生きる理由になるかもしれません。私が死ぬまでこの番組を続けてほしいですね。まさに最後の砦です。

コラム15

現在のラジオ界

未来への期待を胸に

昭和の窓辺さんがのめり込んでいる『髭男爵　山田ルイ53世のルネッサンスラジオ』（山梨放送ほか、ポッドキャスト）。かくいう私もこの番組のヘビーリスナーの一人である。男爵（山田ルイ53世の愛称）の声は低音で、テンションもちょうどよく、聴き心地がいい。実はここ数年、ほぼ毎日眠りにつく際に聴いている。たぶん人生で一番声を聴いた回数の多いパーソナリティではないだろうか。

番組名のあとについた「山梨放送ほか、ポッドキャスト」に違和感を覚えた方がいるかもしれない。『ルネラジ』は文化放送で収録しているけれども、文化放送の地上波では現在放送されていない。地上波では山梨放送のほか、いくつかの地方局でオンエアされており、同時に文化放送主体のポッドキャストで配信されているという、変わった立ち位置の番組だ。

「ラジオは人を救わない」をモットーに掲げる男爵は「今、ラジオがブームだ」などと取り上げられることに警鐘を鳴らし、時にはラジオ界に厳しい言葉を投げかけている。ラジオを取材する立場としては、そんな話を聴くたびに襟を正さずにはいられない。

最近は「ラジオがブームだ」と様々な媒体で取り上げられているが、現実は厳しい。なにしろ深夜ラジオが始まった50年前からラジオ界は苦境に立たされていると言われていたのだ。電通調べによると、ラジオの広告費は１９９０年代初期に最盛期を迎えるが、その後は右肩下がり。近年は微増微減を繰り返していたが、コロナ禍の影響をもろに受けて、以前の水準には戻せないでいる。

2020年まではセッツインユース（調査対象となるラジオ受信機の中で使われている割合）が発表されていたが、90年代は8～9％を記録していたものの、2020年は5％前後まで落ち込んでいた。現時点での詳細な数字は不明だが、厳しい状況に変わりはないだろう。

東日本大震災や最近のコロナ禍など災害時にはラジオに注目が集まり、一時的に各数字が良化した時もあるが、苦しい状況を打破するには至っていない。radikoやポッドキャストの影響から、デジタルの広告費は着実に上がってきているが、全体から見ればわずかな変化にとどまっている。

2020年6月に新潟のFM PORT（新潟県民エフエム放送）と愛知のRadio NEOが経営不振のために閉局したのは象徴的な出来事。コミュニティFMの閉局も相次いでいる。番組を取材した際に漏れ伝わってくる現場の危機感は、リスナーが考えるよりも明らかにシビアだ。

そのうえで、ここまで触れてきたように音声メディアの多様化、AM廃止問題など時代の変化に晒されていて、現在のラジオは揺れている。リスナーとしても今後のラジオ界を憂いてしまうのは仕方ないかもしれない。

ただ、そんな気持ちが先走りすぎて、批判や非難を繰り返し、時には番組やパーソナリティを攻撃するリスナーを見かけることもある。どんなジャンルのファンであれ、そうやって〝闇落ち〟してしまうユーザーはいるけれども、そもそも最初は「楽しい」から、「面白い」から好きになったはず。現代はバランスを崩さぬように、自分で意識する必要があるのかもしれない。今回取材したリスナーたちのように、周りに影響されず、自分なりにラジオと関わり、ラジオを愛していくのが一番だ。私もラジオ本を作る立場として、一人のリスナーとして、いつもそれを意識している。

　ラジオは50年前から厳しい状況が続いている。けれども、いまだに廃れずに支持を集めているのだから、相当しぶとい。見方を変えれば苦境続きだからこそ、ラジオは懸命に面白い放送を提供してきたと言えるかもしれない。「僕が業界に入って盛り上げます」なんて燃えている若いリスナーたちもいる。

一人のリスナーとしては、今後のラジオ界の行方に不安を感じつつ、同時に「変わらずに面白い番組を放送してくれるんだろう」という信頼も、「どんな変化が起きて、これまでとは違うものを提供してくれるんだろう」という期待も強く感じている。

武田砂鉄

男性／40歳（1982年生まれ）／東京都出身／ライター・ラジオパーソナリティ

このマイクの向こうでたくさんの人が聴いている

最後にTBSラジオでパーソナリティとしても活躍しているライターの武田砂鉄にご登場いただこう。パーソナリティとして、コメンテーターとして、『開局70周年記念TBSラジオ公式読本』（リトルモア）の責任編集者として、そしてリスナーとして……。彼は様々な形でラジオと関わってきた。本人曰く「しつこい文章になったのもラジオを聴いてきたからこそ」だという。そんな彼に「私にとってラジオとは◯◯である」を埋めてもらうと、意外な答えが返ってきた——。

ポケットラジオの鮮明な記憶

実家は東京都東大和市にあって、大学時代まで住んでいました。物心ついた時から基本的にラジオが流れている家でした。父親が都内の皇居周辺にある企業で働いていたので、家を6時すぎに出るんですよね。だから、みんな一緒に5時半ぐらいに起きてから朝飯を食べてという感じで、その時にTBSラジオがずっと流れていました。

当時、その時間帯は榎本勝起さんや森本毅郎さんの声が流れていました。それが家の中でのいつもの朝の立ち上がりでしたから、ラジオが嫌だとか、テレビが見たいとかなんて思わなかったですね。学校から家に帰ってきても、TBSラジオがずっと流れていました。小学生ながらに『小沢昭一的こころ』は何を言っているかよくわからないけど、口調は面白いなと思ったし、『土曜ワイドラジオTOKYO　永六輔その新世界』も〝やんややんや〟と賑やかに話している様子が伝わってきました。

基本的に母親は家にいる人間だったので、それでTBSラジオをつけていたんでしょうね。一番早く起きて、朝ご飯の準備をしたり、洗濯物を干したりする時は常にラジオが共にありました。僕の部屋は2階にあったんですけど、母は洗濯物を干す時もポケットラジオを持って、2階に上がってきました。下からラジオの音が近づいてくる感じを今でも覚えています。

今はTBSラジオで番組をやらせてもらってますけど、凄く不思議な感じがします。一昨年（2021年）、責任編集を担当した『TBSラジオ公式読本』でずっと聴いてきた毅郎さんと遠藤泰子さんを取材した時は久しぶりに緊張しました。

家のすぐそばに多摩湖があって、その向かいに西武球場がありました。僕が子供だった90年前後は西武ライオンズがメチャクチャ強かったから、沿線の小学生ってライオンズファンばっかりだったんですよ。そういう環境だったので、文化放送で『ライオンズナイター』を聴くというのは自発的にやってましたね。聴き終わったら、チューニングをちゃんとTBSラジオに戻しておいたのはなんとなく覚えてます。

中学生になると、もっとラジオを聴くようになりました。僕は今、音楽だとヘヴィ・メタル系について書くことが多いですけど、まず好きになったのはB'zです。TOKYO FMの『赤坂泰彦のミリオンナイツ』の中で、『B'z BEAT ZONE』という番組をやっていて、それを聴いてました。ギターの松本（孝弘）さんが一人でやってたんですけど、ボソボソ喋ってる感じで、雰囲気がなんだか暗いんです。でも、たまに新曲を発売する時とかには〝ご褒美〟的にヴォーカルの稲葉（浩志）さんが出てきて、今から思えば結構レアなトークをしていたと思うんですけどね。

〝ヤバいもの〟としての深夜ラジオ

その頃になると、伊集院（光）さんの『深夜の馬鹿力』（ＴＢＳラジオ）も聴くようになっていました。深夜ラジオは『オールナイトニッポン』（ニッポン放送）もほとんど聴いたことないですし、ほぼ伊集院さんだけだったと思います。さっき話に出た『ＴＢＳラジオ公式読本』の最後のほうにちょっと書いたんですけど、今村君という高校時代の友達が伊集院さんのヘビーリスナーで、彼の家に行ったら、『深夜の馬鹿力』を録音したカセットテープがクローゼットに大量に入っていたんです。彼はハガキも採用されていて、グッズをもらっていた。僕も伊集院さんは大好きなんだけど、〝もっと好きなのはアイツ〟みたいな感覚がありました。別に棲み分ける必要はないんですけどね。今村君と「昨日のあれ、メッチャ面白かったよね」みたいなことは話すけど、〝伊集院さんは今村君のもの〟みたいな感じがどこかありました。

伊集院さんが番組の中でエロテープの話をしていたんですけど、その影響下で、今村君も持っていて、僕もそれを借りて聴かせてもらいました。そんな風にして今村君経由でサブカルのヤバい部分に触れることもあったんですよね。当時はエロ本とカルチャー誌の中間みたいな〝いわくつきの雑誌〟っていっぱいあったじゃないですか。そういうものを自分も周りも買ってたし、ヤバいものの流通網ができていて、伊集院さんの存在はその真ん中にあった気がします。

音楽系だと『B'z　BEAT ZONE』なんかを聴きながら、僕はハードロックやヘヴィ・メタルに目覚めていって、音楽評論家の伊藤政則さんのラジオを録音しては繰り返し聴くようになりました。

政則さんっていまだに何局もラジオをやっているんですけど、基本的に東京で聴けるのはｂａｙｆｍの『POWER ROCK TODAY』なんです。これが〝伊藤政則のラジオ〟って感じなんですが、放送局が千葉じゃないですか。僕の実家は電波が入りにくくて、ほぼ聴けない状態だったんですよ。でも、政則さんはＦＭ　ＦＵＪＩで『ROCKADOM』という番組もやっていて、これもいまだに放送しているんですけど、うちが東京の左側で山梨に近いからか、わりとクリアに受信できたんですよね。

政則さんのラジオの棲み分けとして、『POWER ROCK TODAY』のほうが最新の作品をどんどん紹介して、アーティストのコメントなんかも放送される内容だったんですが、『ROCKADOM』のほうは聴いている人が少ないからか、メタルだけじゃなく、自分が本当に好きな70年代のロックとか、プログレとか、趣味により近い曲をかけていたんですね。こっちを熱心に聴いてました。

毎月5日には専門誌の『ＢＵＲＲＮ！』が出て、当時はメタル文芸誌の『炎』もありましたが、そこには必ず伊藤政則の名前がある。自分が買える範囲でCDを中古屋で買っても、ライナーノーツは伊藤政則だし、良くも悪くも日本では「ヘヴィ・メタルといえば伊藤政則」みたいなところがあるんで、メタルが好きになれば、ほぼ強制的に政則さんを好きになるんです。メタルに興味を持ち始めたら、一気に「伊藤政則」という存在が現れた感じでした。伊集院さんは今村君のものでしたけど、政則さんのラジオは、自分の周りでは誰にも荒らされていなくて、ライバルもいない状態でした。

通っていたのは中高一貫校で、自転車通学だったんです。学校までは20分から30分ぐらい。今は自転車に乗ってイヤホンをするのってダメですし、当時も奨励はされてなかったと思いますが、通学中にカセットに録音した伊集院さんや政則さんのラジオを聴く時もありました。

僕はいろんなところで話しているように、「ブックオフ」にムチャクチャ行ってたんです。東村山店という超巨大店があって、そこでサブカル系の本とか、『BURRN!』のバックナンバーとか、ナンシー関さんの本を買う流れがあったんですよね。伊集院さんのニッポン放送時代の本とか、それこそビートたけしさんやコサキンの本とかも、結構安く売ってたんですよ。そういうものも積極的に買って読んでいた気がしますね。

家から自転車で学校に行くまでに、コンビニが2軒あって、毎日両方に寄ってました。「スリーエフ」と「ヤマザキデイリーストアー」ですね。「スリーエフ」では結構メジャーな週刊誌を立ち読みしてたんですけど、今もそうですが、「ヤマザキデイリーストアー」って、雑誌の並べ方のグラデーションが雑なんです。普通は、女性ファッション誌、週刊誌、エロ本という感じでキチッと分かれていたんですけど、本当にゴチャゴチャで、何でも読める状態でした。

高校時代とTBSラジオ

みんなは駅から通学してくるんですけど、僕は駅とは反対側から自転車で学校へ行くから、立地上、このコンビニには同級生が来ないんですよ。だから朝ギリギリの時間まで立ち読みしてました。『GON!』や『BUBKA』もそうだし、一方で『STUDIO VOICE』や『relax』、『東京ストリートニュース!』とか、『egg』とかもあったんで。「ヤマザキデイリーストアー」は、並べている雑誌がごちゃついているがゆえに、そのまま全部受け入れることができました。そこで得た知識や興味は多かったんじゃないかと思います。

高校時代は放送委員会に入っていました。通っていたのがプロテスタント系の学校だったので、毎日8時40分になると、生徒はチャペルへ礼拝しに行くんですね。その前に「まもなく8時40分になります。皆さんはチャペルに向かってください」と放送する当番があって。登校してくる生徒に「早く来い」という合図になるから、校内だけじゃなく、校外にも流れるんです。

その時は必ず後ろに毎回賛美歌を流すんですよね。でも、僕はメタル好きなんで、それをメタルに変えたことがあったんですよ。

僕はブラック・サバス……日本語訳すると「黒い安息日」の曲をかけたんですが、当然怒られるわけですよね。学校の先生は大半がクリスチャンで、礼拝に行くために「黒い安息日」をかけるというのは屈辱的行為ですから。さっき名前を出した今村君の誕生日に合わせて、地元のTSUTAYAでハッピーバースデーのBGMを借りて、「今日は今村君の誕生日です」って言って、曲を流したこともありました。やっぱり怒られましたけど。

昼の放送でもたまに番組を作っていました。僕は体育科の先生が嫌いだったんですよ。体育科であるがゆえに全体を取り仕切ろうとするし、ムキムキで、モテモテで、女子生徒にキャーキャーされる感じってなんか嫌じゃないですか。ただ、その中に一人、前野先生という週に何回か来る非常勤の先生がいたんです。体育科らしからぬ〝体たらくボディ〟で、ぶくぶくに太ってて、どう考えても、体育科のマッチョな雰囲気からこぼれている人でした。僕らはその前野先生のことを大好きになったので、放送室に来てもらって、独占ロングインタビューをしたんです。それをMDで粗く編集して、お昼に流してましたね。

ただ、これは〝放送委員あるある〟なんですけど、昼の放送ってあんまり生徒に聴かれないんですよね。こっちとしては、みんなメチャクチャにウケてるんじゃないかと思って、ここそこそクラスに行くわけです。でも、誰も聴いてないから、こっそりボリュームを上げたんですけど、特に風景は変わらなかったですね。

政則さんの影響が大きいですけど、高校時代から音楽ライターになりたいと思っていたんで、ラジオ業界への憧れはありませんでした。「政則さんみたいな文章を書く人間になりたい」という思いが強かったです。

ラジオについて話す友達は今村君以外いなかったです。「昨日の『永六輔その新世界』のラッキィ池田面白かったね」なんて話はなかなか生まれようがない。高校時代ってどんな方面でも自分だけが知っているものを持ちたいじゃないですか。人によってはファッションだったり、映画だったり、音楽だったりするんでしょうけど、僕にとってはTBSラジオがそれで、別にそれを人に伝えようとは思ってなかったですね。

リスナーからパーソナリティへ

大学時代は音楽番組の制作会社でバイトしてました。ほぼ大学に行かないでそっちの仕事ばっかりやっていたので、その時期はあまりラジオを聴かなくなりました。ただ、当時はまだ実家には住んでいたから、TBSラジオとの近さはずっと維持されていましたね。大学に行こうが、新たにどういう趣味を持とうが、常にラジオが流れているという環境はあまり変わらなかったです。

社会人になってから一人暮らしを始めたんですけど、その頃は朝のルーティーンからラジオが少し消え始めてたかもしれないですね。通勤で使っていた大江戸線の車内は走行音が爆音で鳴っていて、基本的にはラジオが聴けない環境だったので。でも、さすがに子供の頃からラジオを聴いてきたので、体内にはラジオ成分みたいなものがずっと残っていましたね。出版社の編集者になると、「物書きのあいつがこのラジオに出ている」なんて情報収集としても使うようにもなりました。

2014年にえのきどいちろうさんと北尾トロさんの共著『みんなの山田うどん　かかしの気持ちは目でわかる!』の編集を担当したんですけど、その中で北尾トロさんが知り合いだった角田光代さんに「おまえじゃなきゃだめなんだ」という恋愛短編小説を書いてもらったんです。そこからどんな話の運びがあったのか、ラジオドラマになって、TBSラジオで放送することになったんです。その時、僕は初めてTBSラジオに行きました。自分が編集した作品がTBSラジオのラジオドラマになるっていう不思議な展開に、興奮したのを覚えてますね。

本を書いた著者がラジオに呼ばれると、別に編集者は行かなくてもいいんですけど、僕は基本的に「行きます、行きます」って同席してました。サブ（コントロール・ルーム）に入れてくれるじゃないですか。そこに座って、「こういう感じなんだ」みたいな。TBSなら「森本毅郎」という棚を見つけたりして、「おお！」と喜んだりしてました。

最初に自分が出演したラジオは『たまむすび』（TBSラジオ）です。僕は2014年8月に会社を辞めているんですけど、その時のディレクターが知り合いで、本も出していないライターなのに、出演させてくれたんですよね。当時、僕はWEBで『コンプレックス文化論』という連載をしていて、のちに本になってますけど、その内容をベースに、『たまむすび』の「面白い大人」というコーナーで話したのが最初だったんです。

あの時は本当に緊張したのを覚えてますね。このマイクの先でたくさんの人が聴いているんだなあって当然思うし、自分がずっと聴いてきたTBSラジオだし、出演するコーナー名もハードル高いじゃないですか。だから、必死に何か面白いことを言おうと思っていました。『コンプレックス文化論』では「遅刻」をテーマにして、安齋肇さんに言い訳じみたインタビューをしていたんです。パートナーのピエール瀧さんがちょっと前に壮大な遅刻をしたこともあって、その話題で結構盛り上がりました。

フリーランスになってからは、朝も昼も家にいるわけだから、そんなにしょっちゅうではないですけど、TBSラジオを体内時計のように確認するような聴き方をしてました。その後、radikoが使えるようになってからは、多くの人と同じように聴く幅が広がったと思います。

僕は2015年4月に初めて『紋切型社会』（朝日出版社）という本を出したんですけど、その時に『荻上チキ・Session-22』（TBSラジオ）にゲストで呼んでもらって。そうしたら、数ヶ月後、チキさんが夏休みを取った時に代打をやらせてもらったんですよね。その後も『大竹まこと ゴールデンラジオ！』（文化放送）の隔週レギュラーや『蓮見孝之 まとめて！土曜日』（TBSラジオ）のコメンテーターをやらせてもらえて、自分の好きなラジオの仕事が続けられるかもしれないなと。そう考えながらやってきたことの集積が今に繋がっている感じですね。

今は金曜22時に『武田砂鉄の金プレナイト』（TBSラジオ）でパーソナリティをやっていますけど、だいたい10分前になると、スタジオからスタッフがいなくなって、なんとなく独りぼっちになるんです。その時に「なんで僕がラジオパーソナリティをやっているんだろうな」ってわりと毎回思うんですよ。自分がラジオを聴いてきた時間のほうが長いからなんでしょうね。それに別に慣れる必要もないのかなと感じながら、不思議な感覚だなあと思ってやってます。

◎私が思うラジオの魅力

いつまでも全体像が「わからない」ところ

毎回自分の番組が終わると、帰り道で「あれがダメだったな。こうしたらよかったな」と悶々とすることが多いんですよね。文章を書いていても当然同じようなことはあるんですけど、明らかにラジオはそう感じることが多いんです。だから、ラジオがどういうものなのかまだ全然わかっていないんです。

でも、40歳ぐらいになると、圧倒的にわかってない感じがするものって、あんまりないじゃないですか。それが凄く面白いなって。自分の番組にもすでに「型」みたいなものがあるかもしれないですけど、ラジオというメディア全体の輪郭はまだ全然わからないですね。

今も『ゴールデンラジオ!』に出させてもらってますけど、大竹さんってそんなに饒舌な人ではなくて、一緒にスタジオの中にいても「ああ……」とか、「いやあ、そうだなあ……」とか言う時間が結構多いんですよ。それだけ知ったら、「もっとハッキリ喋ればいいのに」って思うかもしれないですけど、リスナーは大竹さんのその独特な〝間〟が染みついているとすよね。一方で、安住(紳一郎)さんの『日曜天国』(TBSラジオ)で聴けるような、すべて計算ずくのように思える〝間〟の取り方も完全にプロの技で、それにも心地よさがあったりする。その気持ちよさ、心地よさは、各番組によって全然違うわけですよね。後発の人間はどれかを目指そうと思うんですけど、それを真似るつまらなさっていったらないんです。かといって自分なりに何かをやろうとすると、「やっぱり違うなあ」ってなるんで、本当にわからないんですよね。上手くいったなと思ったら評判悪かったり、失敗したなと思ったら「面白かったです」と言われたりしますから。

◎ラジオを聴いて人生が変わった瞬間・感動した瞬間

初めてハガキが番組で読まれた時

高校時代に政則さんの『ROCKADOM』にハガキを送って、自分の名前が呼ばれた瞬間は凄く覚えています。本名で投稿したんですが、本当に嬉しくて、体にゾワーッと何かが充満する感じになりました。伊藤政則という人は、〝近い・遠い〟じゃなくて、位置として設定されてないぐらいの存在だったのが、急に目の前に来たというか。

『ROCKADOM』は玄人向けというか、「政則さん、70年代にこういうライブありましたよね。僕も行ったんです」みたいなコミュニケーションが多かったので、そこに若さを強調した高校生が投稿したら結構いい線行くんじゃないかと思ったんです。それで、自分がCDを持っている中でもかなりマニアックなホワイト・ウルフやブルー・オイスター・カルトといったバンドの曲をリクエストしたら、「マジかよ。マジで17歳かよ」なんて感じで採用してくれたんですよね。それは「しめしめ」と思いました。

でも、それは政則さん側もある種、サービスとして読んでくれたところもあると思うんですよね。どんなパーソナリティでも想定しているより若い世代から投稿が来ると贔屓目で読むというのはあるので、僕はそれに引っかかっただけだとは思うんですけど。その時のラジオを録音したカセットテープはたぶん実家にまだあると思います。

僕自身、中高時代はそんなに〝いけいけどんどん〟な生活じゃなかったんですけど、ハガキが読まれた次の日は、心の中で「お前ら、高校みたいな狭いコミュニティの中でよろしくやってるけど、こっちはハガキ読まれてるからね」みたいな感じになってました。もちろん外には出さないけど、自信満々な気持ちで誇らしげになっていた感覚をよく覚えています。今思えば大したことじゃないかもしれないですけど、体内がリセットされて、強化された感じというか。あんなビフォーアフターはあんまりないかもしれないですね。

先日、政則さんとのトークイベントがあって、ハガキを読まれた話をしたら、政則さんは覚えてないんだろうけど、「ああ、そうだね。ホワイト・ウルフね」って適当なことを言ってました。調子いいですからね（笑）。でも、このイベントでラジオリスナーとしての僕は完結したなって思ってます。

自分がパーソナリティとしてメールを読む時も、もしかしたら相手が「砂鉄さんが読んでくれた」と喜んでくれている可能性があって、自分が想定していないところでそういうことが起きていると思うと嬉しいなって思うんですよね。喋っている側が想定してないところで何かが起こって、それをまた報告してくれる。「ラジオはリスナーとの距離が近い」って定型句のように言われますけど、本当に近いなって。

◎特にハマった番組

『ROCKADOM』と『POWER ROCK TODAY』

ずっと聴き続けているのは政則さんの『ROCKADOM』と『POWER ROCK TODAY』ですね。学生の頃だと、田中麗奈さんのことを好きになったことがあって、『田中麗奈ハートをあげるっ』(ニッポン放送)を聴いていたことがあります。〝なっちゃん〟のCMをやっていた頃ですね。ラジオとして特に面白かったということではないと思うんですけど。

あの人は結構読書が好きで、よく本の話をしてたんですね。そういうところから「信頼できる人だな」って勝手に思って(笑)。「あの人はただの俳優さんじゃない」なんて考えてました。

◎印象に残る個人的な神回

『ACTION』の最後の一ヶ月間

僕が金曜日のパーソナリティを担当していた『ACTION』（TBSラジオ）は1年半で終わって逆に伝説になりましたけど、こっちは終わると前もって告知されているわけじゃないですか。終わると知って、対外的にオープンになるまで1ヶ月ぐらいあったんです。番組のアシスタントだった幸坂理加アナウンサーは月から金まで毎日出ているんですけど、その1ヶ月間の幸坂さんには本当にグッと来ましたね。

僕はたいだい毎日聴いていたんですけど、終わると知っているのに、幸坂さんは1ヶ月間、毎日、元気満々に喋っていた。番組の中でみんな「この先、こういうことをやりたいですね」なんて勝手に言うじゃないですか。それにも全部耐えていて。番組が始まる時は絶対に3年ぐらいはやると言われていましたから、幸坂さんもそのつもりでライフプランを作っていたはずで、終わるとなったら相当ショックを受けたと思うんですけど、あの1ヶ月間の彼女の頑張りは凄く覚えてますね。つらかったと思いますけど、それを見せちゃいけない。プロの仕事だなと感じつつ、残酷な世界だなと思いながらやってました。

◎ラジオを聴いて学んだこと・変わったこと

〝しつこい文章〟を書けるようになったこと

僕はわりとしつこい文章を書くタイプの人間ではあるんですけど、ラジオも凄くしつこいと思うんですよね。いろんな社会問題、時事問題についても時間をかけてしつこくやり続けることもある。そういう〝ずっとやってる〟〝まだやってる〟〝まだやるのか〟みたいなことができるメディアなんじゃないかなと思います。だから、しつこい文章になったのもラジオを聴いてきたからこそなんじゃないかって。

多くの人が言うことですけど、ラジオはテレビに比べて尺が長いので、言いたいことを言える時間がもちろん長いし、逆に言いたいことがなくなった時にまだ言わなくちゃいけないというしんどさもどこかにある。文章でも本当に書きたいことを書くなんて滅多にないというか、なんとかして絞り出さなきゃいけないことってたくさんあるんですよね。その状況に特定の名前があるのかわからないですけど、その筋力みたいなものは、メディアは違いますけど、文章でもラジオでもどこか似ているのかなって思います。

◎私にとってラジオとは○○である

私にとってラジオとは「正体不明」なものである

さっき言ったような話でいうと、まだよくわからないもの、正体不明なものって感じになると思いますね。ラジオって何なのかって本当にわからないです。

ラジオのスタジオで喋るというシチュエーションは固定されているけれど、そこから広がるものって全然違いますもんね。与えられた2時間なら2時間で、何をやったら一番面白いのかをメチャクチャ考えたうえで、いつもの感じが作り上げられている。ここまで準備して、なんとかいいものにするぞと日々みんな頭を悩ましながらやっている感じがリスナーとしては好きだし、そこに自分も参加できているのであれば、それなりに練られたものをやりたいなって思うんですけど、やっぱり毎回終わると「あれは違ったなあ……」となる。そうなると、「この時間は何だったんだろう?」っていつも疑いというか、自分に対する不信感みたいなものがあり続けるんです。

でも、客観的に見ると、そう思わせるラジオってなかなか面白いんじゃないかと日々感じています。逆に「ラジオってこういう感じなんだな」と思ったらヤバいんだろうなって。たぶんどんな長寿番組のパーソナリティもそうなってないんじゃないですかね。「これでいいのかな？」という部分をみんな大切にされているんだと思います。

僕にとってラジオはよくわけのわからない人が喋っているもの、という感覚もあります。子供の頃にTBSラジオを聴いてても、榎本勝起って誰か知らないし、若山弦蔵も知らないし、森本毅郎は『噂の!?東京マガジン』に出ていて知ってるけど……みたいな、なんだかよくわからない人が喋っている感じだったんです。今は市場が厳しいからなのかもしれないですけど、どのラジオ番組も基本的に誰かわかる人ばっかり出ているじゃないですか。

そう考えると、武田砂鉄っていうのはテレビに出ないし、「なんなのこいつ？」っていう存在になりやすい人間ではあります。そこを別に狙っていくわけじゃないですけど、その箱の中で生きる場所が与えられているんだとしたら、大事に頑張らなきゃなと思います。これから絶対、ラジオは〝誰だかよくわかっている人〟ばかりになっていきますから。だって、武田砂鉄じゃなく、人気のアイドルグループのだれそれにしようとなったら、確実にそっちのほうがいいってなっちゃうはず。僕が編成の人間で、金儲けしなきゃいけないとなって、TBSラジオの番組表を見たら、真っ先に僕の番組をなくすと思いますからね。だからこそ、ラジオ局のそういう判断から騙し騙し逃げられないかなって考えてます。

あとがき

16人の証言を読んで、読者の皆さんはどんな感想を持っただろうか。「同じリスナーだから、全員の気持ちがよくわかった」という方もいれば、「どれもピンと来なかった。意見が合わない」と感じた方もいるだろう。

それは当然だ。リスナーが自分のラジオ歴やラジオ観を詳細に話す機会はほぼない。そして、それ以前に、大前提として基本的にラジオは一人で聴くものだから、ラジオへの思いを他人と比べる機会はないし、比べる必要もない。まえがきには750万分の16人と書いたけれど、たとえこれが1000人の証言になろうと、やはり「偏っている」と感じてしまう気がする。私が以前発表した著書『深夜のラジオっ子』でも『声優ラジオ〝愛〟史』でも、図らずもあとがきでは「人選は偏っているかもしれないが、それが逆にラジオらしい」と書いていた。

今回取材したリスナー16人の人選は、視点を変えると、私のここ十数年のラジオ交友録的な意味合いがある。

タク・ヨシムラさんの証言の中に『ラブレターズのオールナイトニッポン0（ZERO）』

の最終回出待ちに関する記述があった。私にとっても思い入れ深い番組で、最終回の出待ちと打ち上げにも参加。偶然、居酒屋のテーブルで同席したのがタクさんだった。コロナ禍を経た今になって考えると、パーソナリティとスタッフとリスナーが酒を飲み交わす打ち上げなんて夢のようにも思えるが、私にとっても特別な経験だ。この日の体験がなければ、この本も生まれていない。

過去に番組本にも関わっているので、伊福部崇さんはこれまで十数回取材してきたが、いまだにプライベートの付き合いはない。それでも僭越ながら『伊福部崇のラジオのラジオ』（超！A&G+）の最多ゲストは私になっている。番組側に私から「この人、ゲストにどうですか？」と紹介したのは恩田貴大さんと茅原良平さん。そして、この番組によく質問メールを送っているのが、たかちゃん〝アブラゲドン〟石油王さんだ。

一部の方との関係を例に挙げてみたが、こんな風にラジオを通じて、取材した方々とは緩く繋がっている。この本の取材で初めて顔を合わせた方もいるが、それほど遠い関係ではない。そういう下地があったからこそ、赤裸々にラジオについて語っていただけたと思う。それぞれ長丁場のインタビューだったが、「知り合いのラジオ好きと楽しく雑談していたらあっと言う間に時間が過ぎていた」というのが素直な感覚。文字には残していないが、皆さんに私個人の話もたくさんした気がする。

取材を重ね、「私にとってラジオとは○○である」の答えに悩む姿を見ながら、私も自分なりの答えを探してきた。16人の答えすべてに共感したうえで、ようやく今の私がしっくり来る回答が見つかった。

私にとってラジオとは「私だけのもの」である。

「ラジオはすでにマイナーな存在で、しかもインターネットはまだ普及していなかったから、ラジオ仲間が見つけられない」という90年代に青春を送った私は、ずっと〝ラジオを共有できる仲間〟を探していた。1番組だけ、短期間だけという限定的な相手は見つかったけれど、ついに思う存分ラジオの話ができる人とは出会えぬままだった。勘違いで終わったこともあった。一度はラジオから離れたけれど、本を作るようになってリスナー生活が再開。取材対象としての距離の取り方に四苦八苦し、葛藤も生まれる中で、自分なりに導き出したのが「自分だけのもの」として聴くことだった。

取材したとか、スタッフと知り合いになったとか、一切関係なく、他人の興味も気にせず、自分が聴きたい番組だけを聴くようにしてから、すべてが切り離されて、気楽にラジオと付き合えるようになった。リスナー仲間ができても、〝共有したい〟という思いは持たなくなった。

何度も言うようだが、ラジオは基本的に一人で聴くもの。番組とリスナー全体が繋がっているのではなく、番組とリスナー一人ひとりが個別に繋がっている。だから、感覚や細かいニュアンスは違うし、どっちが上とか、どっちが正しいなんてことはない。そもそもラジオの面白さを「共感」はできても、ラジオ自体を「共有」することはできないのではないだろうか。

ＴＢＳラジオ『ＪＵＮＫ』統括プロデューサーの宮嵜守史さんは著書『ラジオじゃないと届かない』（ポプラ社）の中で「ラジオは〝人（にん）〟が出るメディア」「〝人（にん）〟を聴くメディア」とまとめている。ラジオは音声のみのシンプルなメディアゆえに、関わる人たちの根っこにある人間性、そして自意識を浮き彫りにする。パーソナリティやスタッフがそうならば、リスナーもラジオを聴くことによって、好むと好まざるとにかかわらず、〝人〟があらわになるのではないだろうか。

そんな思いで改めて今回の原稿を読み直すと、ラジオリスナーの面倒臭さを感じずにはいられない。語弊を気にせず言ってしまおう。リスナーたちの個人的な感情は本当に面倒臭い。当然、ラジオ好きが全員良い人なわけがないし、正直に言うと合わない人もいる。

パーソナリティは好きなのに、アシスタントの存在が引っかかって、番組を聴かなくなる。知り合いに勧められても、一向にその番組を聴かない。いったん離れた番組でもまた聴きたくなったら気にせずリスナーに戻ればいいのに、「自分は戻る資格がない」なんて尻込みする。

パーソナリティのちょっとした発言や行動が気になって、急に思い入れが醒めたりする。声が合わない、語り口が好みじゃないと、たった1回聴いただけで番組の善し悪しを勝手に判断してしまう。これは誰でもない、すべて私の実体験だ。いやはや本当に面倒臭い。

ただ、ラジオを切り口にすることで浮かび上がる人間のそんな面倒臭さが面白いから、私はリスナーの話を聞くのが好きなのだろう。ラジオを通すからこそ立ちのぼるそれは、とても偏っていて、クセが強い。人生観を色濃く映し出すほど大袈裟なものではなく、取るに足らない、他では役に立たないちょっとした機微が見えてくるだけなのだけれど、私はどうしてもそんな面倒臭さに惹かれてしまう。本を作っている最中から、次なる取材に向けてリスナーにオファーをし始めてしまった。今は60代以上の年配リスナーと10代の学生リスナーの証言をもっと集めたいと考えている。

今回はこうして本になったが、今後もあくまで趣味の一環として、好きなようにラジオを聴きつつ、ゆるゆるとリスナーを取材していこうと思う。もし本当に1000人取材したら、その過程でたくさんの共感を繰り返し、私なりの「ラジオとは○○である」の答えも変わってくるのだろうか。「ラジオとは共有するものである」なんて言いだすかもしれない。なにせ前言撤回を繰り返すのが平気なぐらいラジオリスナーは面倒臭いのだ。

ようやくあとがきを書き終えた深夜3時のマクドナルド。いつものようにラジオを聴きながら、家に帰ろう。

本書は書き下ろしです。

村上謙三久（むらかみ　けんさく）
1978年生まれ。プロレス、ラジオ関連を中心に活動。『声優ラジオの時間』『お笑いラジオの時間』『芸人ラジオ』（辰巳出版）の編集長を務め、著書に『深夜のラジオっ子』（筑摩書房）、『声優ラジオ“愛”史 声優とラジオの50年』（辰巳出版）がある。

いつものラジオ
リスナーに聞いた16の話

二〇二三年八月十日　初版第一刷発行

著　者　村上謙三久
発行人　浜本　茂
印　刷　中央精版印刷株式会社
発行所　株式会社 本の雑誌社
〒一〇一-〇〇五一
東京都千代田区神田神保町一-三七 友田三和ビル
電話 〇三(三二九五)一〇七一
振替 〇〇一五〇-三-五〇三七八

定価はカバーに表示してあります
ISBN978-4-86011-481-7　C0095